职业技术教育课程改革规划教材
光电技术应用技能训练系列教材

激光切割知识与技能训练

JIGUANG QIEGE ZHISHI
YU JINENG XUNLIAN

U0279017

主　编　陈毕双　董　彪
副主编　丁朝俊　彭信翰　刘好胜
参　编　陆相志　陈必勤　于衡波　巨春永
主　审　唐霞辉

华中科技大学出版社
http://www.hustp.com
中国·武汉

内 容 简 介

本书在讲述激光技术基本理论和测试方法的基础上,通过完成具体的技能训练项目来实现掌握激光切割基础理论知识和职业岗位专业技能的教学目标,每个技能训练项目由一个或几个不同的训练任务组成,主要包括:激光切割图形处理技能训练、激光切割基础技能训练、激光切割材料加工技能训练和激光切割典型产品实战技能训练。

本书可作为大专院校、职业技术院校光电类专业的激光加工类理论知识和技能训练一体化课程教材,也可作为激光行业企业员工的培训教材。

图书在版编目(CIP)数据

激光切割知识与技能训练/陈毕双,董彪主编.—武汉:华中科技大学出版社,2018.8(2023.9 重印)
职业技术教育课程改革规划教材.光电技术应用技能训练系列教材
ISBN 978-7-5680-4509-4

Ⅰ.①激… Ⅱ.①陈… ②董… Ⅲ.①激光切割-职业教育-教材 Ⅳ.①TG485

中国版本图书馆 CIP 数据核字(2018)第 191300 号

激光切割知识与技能训练
Jiguang Qiege Zhishi yu Jineng Xunlian

陈毕双 董 彪 主编

策划编辑:王红梅
责任编辑:余 涛
封面设计:秦 茹
责任校对:李 弋
责任监印:周治超
出版发行:华中科技大学出版社(中国·武汉)　　　电话:(027)81321913
　　　　　武汉市东湖新技术开发区华工科技园　　　邮编:430223
录　排:武汉市洪山区佳年华文印部
印　刷:武汉科源印刷设计有限公司
开　本:787mm×1092mm　1/16
印　张:9.25
字　数:221 千字
版　次:2023 年 9 月第 1 版第 4 次印刷
定　价:28.80 元

职业技术教育课程改革规划教材——光电技术应用技能训练系列教材

编审委员会

序　言

　　激光及光电技术在国民经济的各个领域的应用越来越广泛,中国激光及光电产业在近十年得到了飞速发展,成为我国高新技术产业发展的典范。2017年,激光及光电行业从业人数超过10万人,其中绝大部分员工从事激光及光电设备制造、使用、维修及服务等岗位的工作,需要掌握光学、机械、电气、控制等多方面的专业知识,需要具备综合、熟练的专业技术技能。但是,激光及光电产业技术技能型人才培养的规模和速度与人才市场的需求相去甚远,这个问题引起了教育界,尤其是职业教育界的广泛关注。为此,中国光学学会激光加工专业委员会在2017年7月28日成立了中国光学学会激光加工专业委员会职业教育工作小组,希望通过这样一个平台将激光及光电行业的企业与职业院校紧密对接,为我国激光和光电产业技术技能型人才的培养提供重要的支撑。

　　我高兴地看到,职业教育工作小组成立以后,各成员单位围绕服务激光及光电产业对技术技能型人才培养的要求,加大教学改革力度,在总结、整理普通理实一体化教学的基础上,开始构建以激光及光电产业职业活动为导向、以校企合作为基础、综合职业能力培养为核心,将理论教学与技能操作融会贯通的一体化课程体系,新的教学体系有效提高了技术技能型人才培养的质量。华中科技大学出版社组织国内开设激光及光电专业的职业院校的专家、学者,与国内知名激光及光电企业的技术专家合作,共同编写了这套职业技术教育课程改革规划教材——光电技术应用技能训练系列教材,为构建这种一体化课程体系提供了一个很好的典型案例。

　　我还高兴地看到,这套教材的编者,既有职业教育阅历丰富的职业院校老师,还有很多来自激光和光电行业龙头企业的技术专家及一线工程师,他们把自己丰富的行业经历融入这套教材里,使教材能更准确体现"以职业能力为培养目标,以具体工作任务为学习载体,按照工作过程和学习者自主学习要求设计和安排教学活动、学习活动"的一体化教学理念。所以,这套打着激光和光电行业龙头企业烙印的教材,首先呈现了结构清晰完整的实际工作过程,系统地介绍了工作过程相关知识,具体解决了做什么、怎么做的工作问题,同时又基于学生的学习过程设计了体系化的学习规范,具体解决学什么、怎么学、为什么这么做、如何做得更好的问题。

　　一体化课程体现了理论教学和实践教学融通合一、专业学习和工作实践学做合一、能力培养和工作岗位对接合一的特征,是职业教育专业和课程改革的亮点,也是一个十分辛苦的工作,我代表中国光学学会激光加工专业委员会对这套教材的出版表示衷心祝贺,希望写出更多的此类教材,全方位满足激光及光电产业对技术技能型人才的要求,同时也希望本套丛书的编者们悉心总结教材编写经验,争取使之成为广受读者欢迎的精品教材。

中国光学学会激光加工专业委员会主任

二○一八年七月二十八日

前　言

自从 1960 年世界上第一台激光器诞生以来,激光技术不仅应用于科学技术研究的各个前沿领域,而且已经在工业、农业、军事、天文和日常生活中都得到了广泛应用,初步形成较为完善的激光技术应用产业链条。

激光技术应用产业是利用激光技术为核心生成各类零件、组件、设备以及各类激光应用市场的总和,其上游主要为激光材料及元器件制造产业,中游为各类激光器及其配套设备制造产业,下游为各类激光设备制造和激光设备应用产业。其中,激光技术应用中、下游产业需求员工最多,要求最广,主要就业岗位体现在激光设备制造、使用、维修及服务全过程,需要从业者掌握光学、机械、电气、控制等多方面的专业知识,具备综合的专业技能。

为满足激光技术应用产业对员工的需求,国内各职业院校相继开办了光电子技术、激光加工技术、特种加工技术、激光技术应用等新兴专业来培养激光技术的技能型人才。由于受我国高等教育主要按学科分类进行教学的惯性影响,激光技术应用产业链条中需要的知识和技能训练分散在各门学科的教学之中,专业课程建设和教材建设远远不能适合激光技术应用产业的职业岗位要求。

有鉴于此,国内部分开设了激光技术专业的职业院校与国内一流激光设备制造和应用企业紧密合作,以企业真实工作任务和工作过程(即资讯—决策—计划—实施—检验—评价六个步骤)为导向,兼顾专业课程的教学过程组织要求进行了一体化专业课程改革,开发了专业核心课程,编写了专业系列教材并进行了教学实施。校企双方一致认为,现阶段激光技术应用专业应该根据办学条件开设激光设备安装调试和激光加工两大类核心课程,并通过一体化专业课程学习专业知识、掌握专业技能,为满足将来的职业岗位需求打下基础。

本书就是上述激光加工类核心课程中的一体化课程教材之一,具体来说,就是以常见激光切割典型产品实战技能训练过程为学习载体,学生应掌握切割机基本操作知识与技能、激光切割图形处理知识与技能、激光切割软件知识与技能、激光切割材料知识与技能以及激光切割典型产品知识与技能,基本能胜任激光切割岗位工作任务。

本教材主要通过在讲述知识的基础上完成技能训练项目任务来实现教学目标,每个技能训练项目由一个或几个不同的训练任务组成,主要有以下四个技能训练项目。

项目一:激光切割图形处理技能训练。

项目二:激光切割基础技能训练。

项目三:激光切割材料技能训练。

项目四:激光切割典型产品实战技能训练。

由于以真实技能训练项目代替了大部分纯理论推导过程,本书特别适合作为职业院校激光技术应用相关专业的一体化课程教材,也可作为激光切割机生产制造企业和用户的员工培训教材,同时适合作为激光设备制造和激光设备应用领域的相关工程技术人员自学教材。

　　本书各章节的内容由主编和副主编集体讨论形成,第 1 章、第 2 章由深圳技师学院陈毕双编写,第 3 章第 1、2 节由焦作技师学院刘好胜编写,第 3 章第 3 节、第 4 章第 2 节、第 5 章第 1 节、第 6 章第 1、3 节由深圳技师学院丁朝俊编写,第 4 章第 1 节、第 5 章第 2 节由武汉天之逸科技有限公司董彪编写,第 6 章第 2 节由深圳技师学院杨玉山编写,第 6 章第 4 节由深圳海目星激光智能装备股份有限公司彭信翰编写。光惠(上海)激光科技有限公司陆相志、东莞镭宇激光科技有限公司陈必勤、广州瑞松科技有限公司于衡波和三河职教中心巨春永提供了大量的原始资料及编写建议,深圳技师学院激光技术应用专业教研室的全体老师和许多同学参与了资料的收集整理工作,全书由陈毕双统稿。

　　中国光学学会激光加工专业委员会、广东省激光行业协会和深圳市激光智能制造行业协会的各位领导和专家学者一直关注这套技能训练教材的出版工作,华中科技大学出版社的领导和编辑们为此书的出版做了大量工作,在此一并深表感谢。

　　本书在编写过程中参阅了一些专业著作、文献资料和企业的设备说明书,谨向这些作者表示诚挚的谢意。

　　本书承蒙华中科技大学光电学院唐霞辉教授仔细审阅,提出了许多宝贵意见,在此深表感谢。

　　限于编者的水平和经验,本书还存在错误和不妥之处,希望广大读者批评指正。

编　者

2018 年 8 月

目　　录

1

激光与激光切割基础知识

1.1 激光概述

1.1.1 激光的产生

1. 光的产生

1）物质的组成

世界上能看到的任何宏观物质都是由原子、分子、离子等微观粒子构成。其中,分子是原子通过共价键结合形成的,离子是原子通过离子键结合形成的,所以归根结底,物质是由原子构成的,如图 1-1 所示。

2）原子的结构

原子是由居于原子中心的带正电的原子核和核外带负电的电子构成的,如图 1-2 所示。

根据量子理论,同一个原子内的电子在不连续的轨道上运动,并且可以在不同的轨道上运动,如同一辆车在高速公路上可以开得快、在市区里就开得慢一样。

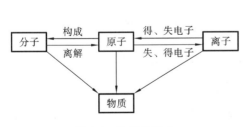

图 1-1 物质的组成

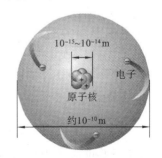

图 1-2 原子的结构

在图 1-3 所示的玻尔的原子模型中,电子分别可以有 $n=1$、$n=2$、$n=3$ 三条轨道,原子对应不同轨道有三个不同的能级。

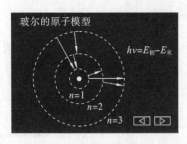

图 1-3　玻尔的原子模型

当 $n=1$ 时,电子与原子核之间距离最小,原子处于低能级的稳定状态,又称为基态。

当 $n>1$ 时,电子与原子核之间距离变大,原子跃迁到高能级的非稳定状态,又称为激发态。

3）原子的发光

激发态的原子不会长时间停留在高能级上,它会自发地向低能级的基态跃迁,并释放出它的多余的能量。

如果原子是以光子的形式释放能量,这种跃迁称为自发辐射跃迁,此时宏观上可以看到物质正在以特定频率发光,其频率由发生跃迁的两个能级的能量差决定:

$$\nu=(E_2-E_1)/h \tag{1-1}$$

式中:h 为普朗克常数,6.626×10^{-34} J·s;ν 为光的频率,s^{-1}。

自发辐射跃迁是除激光以外其他光源的发光方式,它是随机跃迁过程,发出的光在相位、偏振态和传播方向上都彼此无关。

由此可以看出,物质发光的本质是物质的原子、分子或离子处于较高的激发状态时,从较高能级向低能级跃迁,并自发地把过多的能量以光子的形式发射出来的结果,如图 1-4 所示。

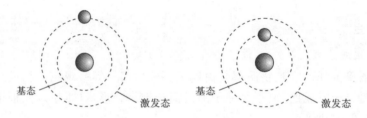

图 1-4　物质发光的本质

2. 光的特性

1）波粒二象性

光是频率极高的电磁波,具有物理概念中波和粒子的一般特性,简称具有波粒二象性。光的波动性和粒子性是光的本性在不同条件下表现出来的两个侧面。

（1）电磁波谱:把电磁波按波长或频率的次序排列成谱,称为电磁波谱,如图 1-5 所示。

（2）可见光谱:可见光是一种能引起视觉的电磁波,其波长范围为 $380\sim780$ nm,频率范围为 $3.9\times10^{14}\sim7.5\times10^{14}$ Hz。

（3）光在不同介质中传播时,频率不变,波长和传播速度变小。

$$u=\frac{c}{n}, \quad \lambda=\frac{\lambda_0}{n} \tag{1-2}$$

式中:u 为光在不同介质中的传播速度;c 为光在真空中的传播速度;λ 为光在不同介质中的波长;λ_0 为光在真空中的波长;n 为光在不同介质中的折射率。

2）光的波动性体现

光在传播过程中主要表现出光的波动性,我们可以通过光的直线传播定律、反射定律、

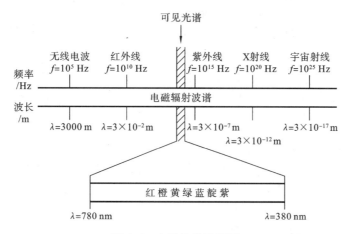

图 1-5 电磁波谱示意图

折射定律、独立传播定律、光路可逆原理等证明光在传播过程中表现出波动性。

光在低频或长波区波动性比较显著,利用电磁振荡耦合检测方法可以得到输入信号的振幅和相位。

3)光的粒子性体现

光在与物质相互作用过程中主要表现出光的粒子性。

光的粒子性就是说光是以光速运动着的粒子(光子)流,一束频率为 ν 的光由能量相同的光子所组成,每个光子的能量为

$$E = h\nu \tag{1-3}$$

式中:h 为普朗克常数,6.626×10^{-34} J·s;ν 为光的频率,s^{-1}。

由此可知,光的频率愈高(即波长愈短),光子的能量愈大。

光在高频或短波区表现出极强的粒子性,利用它与其他物质的相互作用可以得到粒子流的强度,而无需相位关系。

3. 激光的产生

1)受激辐射发光——激光产生的先决条件

处在高能级 E_2 上的粒子,由于受到能量为 $h\nu = E_2 - E_1$ 的外来光子的诱发而跃迁到低能级 E_1,并发射出一个频率为 $\nu = (E_2 - E_1)/h$ 的光子的跃迁过程称为受激辐射过程,如图 1-6(a)所示。

图 1-6 受激辐射与受激吸收过程

受激辐射过程发出的光子与入射光子的频率、相位、偏振方向以及传播方向均相同,且有两倍同样的光子发出,光被放大了一倍,它是激光产生的先决条件。

受激辐射存在逆过程——受激吸收过程,如图 1-6(b)所示。受激辐射的过程是复制产生光子,受激吸收的过程是吸收消耗光子,激光产生的实际过程要看哪种作用更强。

2)粒子数反转分布——激光产生的必要条件

(1)玻尔兹曼定律:热平衡状态下,大量原子组成的系统粒子数的分布服从玻耳兹曼定律,处于低能级的粒子数多于高能级的粒子数,如图 1-7(a)所示,此时受激辐射<受激吸收。为了使受激辐射占优势从而产生光放大,就必须使高能级上的粒子数密度大于低能级上的粒子数密度,即 $N_2 > N_1$,称为粒子数反转分布,如图 1-7(b)所示。

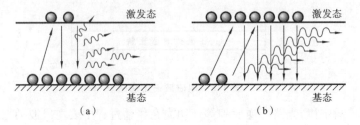

图 1-7 玻尔兹曼定律与粒子数反转状态

实现粒子数反转是激光产生的必要条件。

(2)实现粒子数反转分布:在激光器的实际结构上,通过改变激光工作物质的内部结构和外部工作条件这样两个途径来实现持续的粒子数反转分布。

① 给激光工作物质注入外加能量:如果给激光工作物质注入外加能量,打破工作物质的热平衡状态,持续地把工作物质的活性粒子从基态能级激发到高能级,就可能在某两个能级之间实现粒子数反转,如图 1-8 所示。

图 1-8 粒子数反转的外部条件

注入外加能量的方法在激光的产生过程中称为激励,也称为泵浦。常见的激励方式有光激励、电激励、化学激励等。

光激励通常是用灯(脉冲氙灯、连续氪灯、碘钨灯等)或用激光器作为泵浦光源照射激光工作物质,这种激励方式主要为固体激发器所采用,如图 1-9 所示。

电激励是采用气体放电方法使具有一定动能的自由电子与气体粒子相碰撞,把气体粒子激发到高能级,这种激励方式主要为气体激光器所采用,如图 1-10 所示。

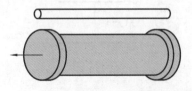

图 1-9 光激励示意图

图 1-10 电激励示意图

化学激励则是通过化学反应产生一种处于激发态的原子或分子,这种激励方式主要为化学激光器所采用。

② 改善激光工作物质的能级结构：在实际应用中能够实现粒子数反转的工作物质主要有三能级系统和四能级系统两类。

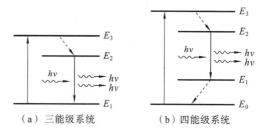

（a）三能级系统　　　　（b）四能级系统

图 1-11　三能级系统和四能级系统

三能级系统如图 1-11(a)所示，粒子从基态 E_1 首先被激发到能级 E_3，粒子在能级 E_3 上是不稳定的，其寿命很短（约 10^{-8} s），很快地通过无辐射跃迁到达能级 E_2 上。能级 E_2 是亚稳态，粒子在 E_2 上的寿命较长（$10^{-3} \sim 1$ s），因而在 E_2 上可以积聚足够多的粒子，这样就可以在亚稳态和基态之间实现粒子数反转。

此时若有频率为 $\nu=(E_2-E_1)/h$ 的外来光子的激励，将诱发 E_2 上粒子的受激辐射，并使同样频率的光得到放大。红宝石就是具有这种三能级系统的典型工作物质。

三能级系统中，由于激光的下能级是基态，为了达到粒子数反转，必须把半数以上的基态粒子泵浦到上能级，因此要求很高的泵浦功率。

四能级系统如图 1-11(b)所示，它与三能级系统的区别是在亚稳态 E_2 与基态 E_0 之间还有一个高于基态的能级 E_1。由于能级 E_1 基本上是空的，这样 E_2 与 E_1 之间就比较容易实现粒子数反转，所以四能级系统的效率一般比三能级系统的高。

以钕离子为工作粒子的固体物质，如钕玻璃，掺钕钇铝石榴石晶体以及大多数气体激光工作物质都具有这种四能级系统的能级结构。

三能级系统和四能级系统的能级结构的特点是都有一个亚稳态能级，这是工作物质实现粒子数反转必需的条件。

3）光学谐振腔——激光持续产生的源泉

(1)谐振腔功能：虽然工作物质实现了粒子数反转就可以产生相同频率、相位和偏振的光子，但此时光子的数目很少且传播方向不一。

如果在工作物质两端面加上一对反射镜，或在两端面镀上反射膜，使光子来回通过工作物质，光子的数目就会像滚雪球似地越滚越多，形成一束很强且持续的激光输出。

把由两个或两个以上光学反射镜组成的器件称为光学谐振腔，如图 1-12 所示。

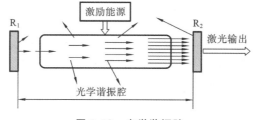

图 1-12　光学谐振腔

(2)谐振腔结构：两块反射镜置于激光工作物质两端，反射镜之间的距离为腔长。其中反射镜 R_1 的反射率接近 100%，称为全反射镜，也称为高反镜；反射镜 R_2 部分反射激光，称为部分反射镜，也称为低反镜（半反镜）。

全反射镜和部分反射镜不断引起激光器谐振腔内的受激振荡，并允许激光从部分反射镜一端输出，故部分反射镜又称激光器窗口。

在谐振腔内,只有沿轴线附近传播的光才能被来回反射形成激光,而离轴光束经几次来回反射就会从反射镜边缘逸出谐振腔,所以激光光束具有很好的方向性。

4)阈值条件——激光输出对器件的总要求

有了稳定的光学谐振腔和能实现粒子数反转的工作物质,还不一定能产生激光输出。

工作物质在光学谐振腔内虽然能够产生光放大,但在谐振腔内还存在着许多光的损耗因素,如反射镜的吸收、透射和衍射,以及工作物质不均匀造成的光线折射和散射等。如果各种光损耗抵消了光放大过程,也不可能有激光输出。

用阈值来表示光在谐振腔中每经过一次往返后光强改变的趋势。

若阈值小于1,意味着往返一次后光强减弱。来回多次反射后,它将变得越来越弱,因而不可能建立激光振荡。因此,实现激光振荡并输出激光,除了具备合适的工作物质和稳定的光学谐振腔外,还必须减少损耗,达到产生激光的阈值条件。

5)产生激光的充要条件

(1)要有含亚稳态能级的工作物质。

(2)要有合适的泵浦源,使工作物质中的粒子被抽运到亚稳态并实现粒子数的反转分布,以产生受激辐射光放大。

(3)要有光学谐振腔,使光往返反馈并获得增强,从而输出高定向、高强度的激光。

(4)要满足激光产生的阈值条件。

综上所述,激光(laser)的产生就是受激辐射的光放大效应(light amplification by stimulated emission of radiation)可以顺利进行的过程。

1.1.2 激光的特性

1. 激光的方向性

1)光束方向性指标——发散角 θ

激光光束发散角 θ 是衡量光束从其中心向外发散程度的指标,如图 1-13 所示。通常把发散角的大小作为光束方向性的定量指标。

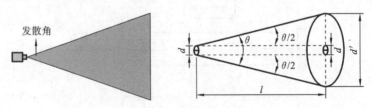

图 1-13 光束的发散角

2)激光光束的发散角 θ

普通光源向四面八方发散,发散角 θ 很大。例如,点光源的发散角约为 4π 弧度。

激光光束基本上可以认为是沿轴向传播的,发散角 θ 很小。例如,氦氖激光器发散角约为 10^{-3} 弧度。

对比一下可以发现,激光光束的发散角 θ 不到普通光源的万分之一。

使用激光照射距离地球约 38 万千米的月球,激光在月球表面的光斑直径不到 2 km。若换成看似平行的探照灯光柱射向月球,其光斑直径将覆盖整个月球。

2. 激光的单色性

1)光束单色性指标——谱线宽度 $\Delta\lambda$

光束的颜色由光的波长(或频率)决定,单一波长(或频率)的光称为单色光,发射单色光的光源称为单色光源,如氪灯、氦灯、氖灯、氢灯等。

真正意义上的单色光源是不存在的,它们的波长(或频率)总会有一定的分布范围,如氪灯红光的单色性很好,谱线宽度范围仍有 0.00001 nm。

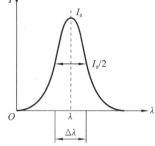

波长(或频率)的变动范围称为谱线宽度,用 $\Delta\lambda$ 表示,如图 1-14 所示。通常把光源的谱线宽度作为光束单色性的定量指标,谱线宽度越小,光源的单色性越好。

2)激光光束的谱线宽度

普通光源单色性最好的是氪灯,其发射波长为 605.8 nm,谱线宽度为 4.7×10^{-4} nm。波长为 632.8 nm 的氦氖激光器产生的激光谱线宽度小于 10^{-8} nm,其单色性比氪灯好 10^{5} 倍。

由此可见,激光光束的单色性远远超过任何一种单色光源。

图 1-14 光束的谱线宽度

3. 激光的相干性

1)光束相干性指标——相干长度 L

两束频率相同、振动方向相同、有恒定相位差的光称为相干光。

光的相干性可以用相干长度 L 来表示,相干长度 L 与光的谱线宽度 $\Delta\lambda$ 有关,谱线宽度 $\Delta\lambda$ 越小,相干长度 L 越长。

2)激光光束的相干长度

普通单色光源如氪灯、纳光灯等的谱线宽度在 $10^{-3}\sim10^{-2}$ nm 范围,相干长度在 1 mm 到几十厘米的范围。氦氖激光器的谱线宽度小于 10^{-8} nm,其相干长度可达几十千米。

由此可见,激光光束的相干性也远远超过任何一种单色光源。

4. 激光的高亮度

1)光束亮度指标——光功率密度

光束亮度是光源在单位面积上向某一方向的单位立体角内发射的功率,简述为光功率/光斑面积,单位为 W/cm^2。由此看出,光束亮度实际上是光功率密度的另外一种表述形式。

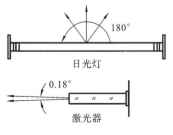

2)激光光束的光斑面积小

激光光束总的输出功率虽然不大,但由于光束发散角小,其亮度也高。例如,发散角从 180°缩小到 0.18°,亮度就可以提高 100 万倍,如图 1-15 所示。

图 1-15 激光亮度

3)激光器的高功率

脉冲激光器的功率分为平均功率密度和峰值功率密度。

$$平均功率密度＝平均功率(功率计测得的功率)/光斑面积$$
$$峰值功率密度＝平均功率×单位时间/重复频率/脉宽/光斑面积$$

4）通过调 Q 技术压缩脉宽

有结果显示，脉冲激光器的光谱亮度可以比白炽灯的亮度大 $2×10^{20}$ 倍。

1.2 激光制造概述

1.2.1 激光制造技术领域

激光制造技术按激光光束对加工对象的影响尺寸范围，可以分为以下三个领域。

1. 激光宏观制造技术

（1）定义：激光宏观制造技术一般指激光光束对加工对象的影响尺寸范围在几个毫米到几十毫米之间的加工工艺过程。

（2）主要工艺方法：激光宏观制造技术包括激光表面工程（包括激光表面处理、激光淬火、激光喷涂、激光蒸气沉积以及激光冲击硬化等，激光打标可归类在激光表面处理）、激光焊接、激光切割、激光增材制造等主要工艺方法。

2. 激光微加工技术

（1）定义：激光微加工技术一般指激光光束对加工对象的影响尺寸范围在几个微米到几百微米之间的加工工艺过程。

（2）主要工艺方法：激光微加工技术包括激光精密切割、激光精密钻孔、激光烧蚀和激光清洗等主要工艺方法。

3. 激光微纳制造技术

（1）定义：激光微纳制造技术一般指激光光束对加工对象的影响尺寸范围在纳米到亚微米之间的加工工艺过程。

（2）主要工艺方法：激光微纳制造技术包括飞秒激光直写、双光子聚合、干涉光刻、激光诱导表面纳米结构等主要工艺方法。

纳米尺度材料具有宏观尺度材料所不具备的一系列优异性能，制备纳米材料有许多途径，其中超快激光微纳制造成为通过激光手段制备纳米结构材料的热门方向。

超快激光一般是指脉冲宽度短于 10 ps 的皮秒和飞秒激光，超快激光的脉冲宽度极窄、能量密度极高、与材料作用的时间极短，会产生与常规激光加工几乎完全不同的机理，能够实现亚微米与纳米级制造、超高精度制造和全材料制造。

激光增材制造和超快激光微纳制造是激光制造技术领域中当前和今后一段时间的两个热点，已经被列入"增材制造和激光制造"国家重点研发计划。

1.2.2 激光制造分类与特点

1. 激光制造分类

从激光原理可知,激光具有单色性好、相干性好、方向性好、亮度高等四大特性,俗称三好一高。

激光宏观制造技术可以分为激光常规制造和激光增材制造两个大类,激光宏观制造技术主要利用了激光的高亮度和方向性好两个特点。

1) 激光常规制造

(1) 基本原理:把具有足够亮度的激光光束聚焦后照射到被加工材料上的指定部位,被加工材料在接受不同参量的激光照射后可以发生气化、熔化、金相组织以及内部应力变化等现象,从而达到工件材料去除、连接、改性和分离等不同的加工目的。

(2) 主要工艺方法:如图 1-16 所示,激光常规制造主要工艺方法包括激光表面工程(包括激光表面处理、激光淬火、激光喷涂、激光蒸气沉积以及激光冲击硬化等,国内常见的激光打标也可以归类在激光表面处理内)、激光焊接、激光切割等主要工艺方法。

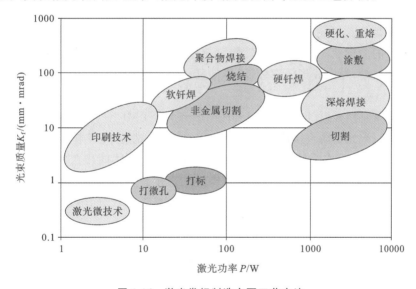

图 1-16 激光常规制造主要工艺方法

2) 激光增材制造(laser additive manufacturing,LAM)

激光增材制造技术是一种以激光为能量源的增材制造技术,按照成形原理进行分类,可以分为激光选区熔化和激光金属直接成形两大类。

(1) 激光选区熔化(selective laser melting,SLM)。

① 工作原理:激光选区熔化技术是利用高能量的激光光束,按照预定的扫描路径,扫描预先在粉床铺覆好的金属粉末并将其完全熔化,再经冷却凝固后成形工件的一种技术,其工作原理如图 1-17 所示。

② 技术特点如下。

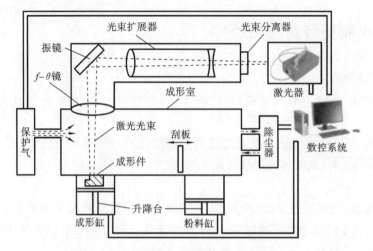

图 1-17　激光选区熔化工作原理

● 成形原料一般为金属粉末，主要包括不锈钢、镍基高温合金、钛合金、钴-铬合金、高强铝合金以及贵重金属等。

● 采用细微聚焦光斑的激光光束成形金属零件，成形的零件精度较高，表面稍经打磨、喷砂等简单后处理即可达到使用精度要求。

● 成形零件的力学性能良好，拉伸性能可超过铸件，达到锻件水平。

● 进给速度较慢，导致成形效率较低，零件尺寸会受到铺粉工作箱的限制，不适合制造大型的整体零件。

(2) 激光金属直接成形(laser metal direct forming, LMDF)。

① 工作原理：激光金属直接成形技术是利用快速原型制造的基本原理，以金属粉末为原材料，采用高能量的激光作为能量源，按照预定的加工路径，将同步送给的金属粉末进行逐层熔化，快速凝固和逐层沉积，从而实现金属零件的直接制造。

激光金属直接成形系统平台包括激光器、CNC 数控工作台、同轴送粉喷嘴、高精度可调送粉器及其他辅助装置，其工作原理如图 1-18 所示。

② 技术特点如下。

● 无需模具，可实现复杂结构零件的制造，但悬臂结构零件需要添加相应的支撑结构。

● 成形尺寸不受限制，可实现大尺寸零件的制造。

● 可实现不同材料的混合加工与制造梯度材料。

● 可对损伤零件实现快速修复。

● 成形组织均匀，具有良好的力学性能，可实现定向组织的制造。

2. 激光制造的特点

1) 一光多用

在同一台设备上用同一个激光源，通过改变激光源的控制方式就能分别实现同种材料的切割、打孔、焊接、表面处理等多种加工，既可分步加工，又可在几个工位同时加工。

图 1-19 是一台四光纤传输灯泵浦激光焊接机的光路系统示意图，灯泵浦激光器发出的

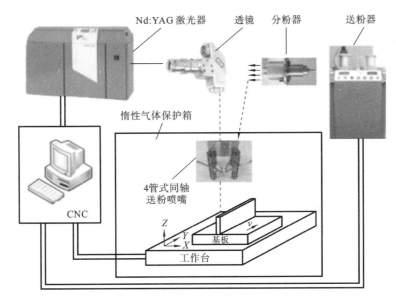

图 1-18　激光金属直接成形工作原理

单光束激光经过 45°反射镜 1 反射后,再分别经过 45°反射镜 2、3、4、5 分为四束激光,通过耦合透镜将四束激光耦合进入光纤进行传输,再通过准直透镜准直为平行光作用于工件上,实现了四光束同时加工,大大提高了加工效率。

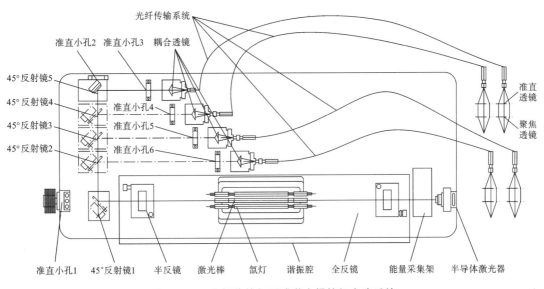

图 1-19　四光纤传输灯泵浦激光焊接机光路系统

2)一光好用

(1) 在短时间内完成非接触柔性加工,工件无机械变形,热变形极小,后续加工量小,被加工材料的损耗也很少。

(2) 利用导光系统可将光束聚集到工件的内表面或倾斜表面上进行加工,也可穿过透光物质(如石英、玻璃),对其内部零部件进行加工。

（3）激光光束易于实现导向、聚焦等各种光学变换，易实现对复杂工件进行自动化加工。

（4）通过使用精密工作台、视觉捕捉系统等装置，能对被加工表面状况进行监控，能进行精细微加工。

3）多光广用

（1）可对绝大多数金属、非金属材料和复合材料进行加工，既可以加工高强度、高硬度、高脆性及高熔点的材料，也可以加工各种软性材料和多层复合材料。

（2）既可在大气中加工，又可在真空中加工。

（3）可实现光化学加工，如准分子激光的光子能量高达 7.9ev，能够光解许多分子的键能，引发或控制光化学反应，如准分子膜层淀积和去除。

激光制造虽有上述一些特点，但在加工过程中必须按照工件的加工特性选择合适的激光器，对照射能量密度和照射时间实现最佳控制。如果激光器、能量密度和照射时间选择不当，则加工效果同样不会理想。

1.2.3 激光加工设备基础知识

1. 机械设备组成知识

1）定义

根据 GB/T 18490—2001 定义，机械（machine），又称为机器，是由若干个零件、部件组合而成，其中至少有一个零件是可运动的，并且有适当的机械致动机构、控制和动力系统等。它们的组合具有一定的应用目的，如物料的加工、处理、搬运或包装等。

2）组成

机械整机从大到小由功能系统（system）、部件（assembly unit）、零件（machine part）基本单元组成。

通常把除机架以外的所有零件和部件统称为零部件，把机架称为构件。

在涉及电子电路、光学、钟表设备的一些场合，某些零件（如电阻、电容、反射镜、聚焦镜、游丝、发条等）称为"元件"。某些部件（如三极管、二极管、可控硅、扩束镜等）称为"器件"，合起来称元器件。

由于激光加工机械集激光器、光学元件、计算机控制系统和精密机械部件于一体，零部件、元器件和构件等称呼就同时存在。

2. 激光加工设备组成知识

1）定义

根据 GB/T 18490—2001 定义，激光加工机械是包含有一台或多台激光器，能提供足够的能量/功率使至少有一部分工件融化、气化，或者引起相变的机械（机器），并且在准备使用时具有功能上和安全上的完备性。

根据以上定义和机械组成的基本概念可知，一台完整的激光加工设备应由激光器系统、激光导光及聚焦系统、运动系统、冷却与辅助系统、控制系统、传感与检测系统六大功能系统组成，其核心为激光器系统。

值得提醒的是,根据功能要求不同,激光加工设备通常并不需要配置以上所有的功能系统,如激光切割机。

2)系统组成分析实例

图1-20是某台玻璃管CO_2激光切割机正面和背面的总体结构示意图。

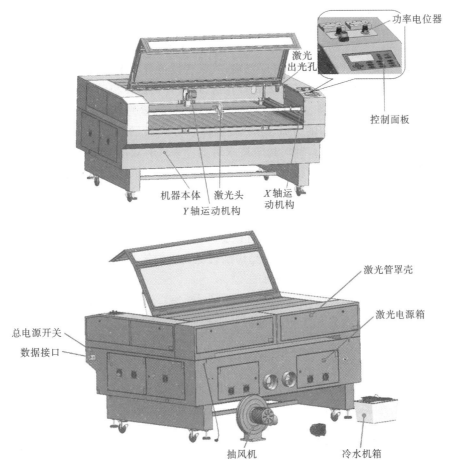

图1-20 CO_2气体激光切割机整体结构(正面及背面)

从外观上看,玻璃管CO_2激光切割机主要由机器本体、Y轴运动机构、激光头、控制面板、功率电位器、总电源开关、数据接口、抽风机、冷水机箱、激光电源箱等部件和器件组成。

按照激光加工设备的功能定义,放在激光管罩壳内的激光器、激光电源箱等构成了设备的激光器系统,控制面板、功率电位器、总电源开关、数据接口等构成了设备的控制系统,激光头、激光出光孔构成了设备的导光及聚焦系统,Y轴运动机构、X轴运动机构构成了设备的运动系统,数据接口、抽风机、冷水机箱等构成了设备的冷却与辅助系统。由此看出,该台玻璃管CO_2激光切割机没有传感与检测系统,但这并不影响其基本使用功能。

3. 激光加工设备分类知识

1)按激光输出方式分类

(1)连续激光加工设备:连续激光加工设备的特点是工作物质的激励和相应的激光输出

可以在一段较长的时间范围内持续进行,连续光源激励的固体激光器和连续电激励的气体激光器及半导体激光器均属此类,如光纤激光切割机和 CO_2 激光切割机。

激光器连续运转过程中器件会产生过热效应,需采取适当的冷却措施。

(2) 脉冲激光加工设备:脉冲激光加工设备可以分为单次脉冲和重复脉冲激光加工设备。

① 单次脉冲激光加工设备:单次脉冲激光加工设备中,激光器工作物质的激励和激光发射从时间上来说是一个单次脉冲过程。某些固体激光器、液体激光器及气体激光器均可以采用此方式运转,此时器件的热效应可以忽略,故某些设备可以不采取冷却措施。

典型的单次脉冲激光加工设备有激光打孔机、珠宝首饰焊接机等。

② 重复脉冲激光加工设备:重复脉冲激光加工设备中,激光器输出一系列的重复激光脉冲。激光器可相应以重复脉冲的方式激励,或以连续方式激励但以一定方式调制激光振荡过程,以获得重复脉冲激光输出,此时通常要求对器件采取有效的冷却措施。

重复脉冲激光加工设备种类很多,典型的重复脉冲激光加工设备有固体激光焊接机、固体及气体打标机等。

2) 按激光器类型分类

按照激光器类型分类,激光加工设备可以分为固体和气体激光加工设备。

氪灯泵浦 YAG 激光切割机、光纤激光切割机等属于固体激光加工设备。射频 CO_2 切割机、玻璃管 CO_2 切割机等属于气体激光加工设备。

3) 按加工功能分类

按照加工功能分类,激光加工设备可以分为激光宏观加工设备、激光微加工设备、激光微纳制造设备三大类。

4) 按激光输出波长范围分类

根据输出激光波长范围,激光器可以分为以下几种。

(1) 远红外激光器:指输出激光波长范围处于远红外光谱区(25~1000 μm)的激光器,NH_3 分子远红外激光器(281 μm)、长波段自由电子激光器是其典型代表。

(2) 中红外激光器:指输出激光波长范围处于中红外光谱区(2.5~25 μm)的激光器,CO_2 激光器(10.6 μm)是其典型代表。

(3) 近红外激光器:指输出激光波长范围处于近红外光谱区(0.75~2.5 μm)的激光器,掺钕固体激光器(1.06 μm)、CaAs 半导体二极管激光器(约 0.8 μm)是其典型代表。

(4) 可见光激光器:指输出激光波长范围处于可见光光谱区(0.4~0.7 μm)的激光器,红宝石激光器(6943 Å)、氦氖激光器(6328 Å)、氩离子激光器(4880 Å、5145 Å)、氪离子激光器(4762 Å、5208 Å、5682 Å、6471 Å)以及某些可调谐染料激光器等是其典型代表。

(5) 近紫外激光器:指输出激光波长范围处于近紫外光谱区(0.2~0.4 μm)的激光器,氮分子激光器(3371 Å)、氟化氙(XeF)准分子激光器(3511 Å、3531 Å)、氟化氪(KrF)准分子激光器(2490 Å)以及某些可调谐染料激光器等是其典型代表。

(6) 真空紫外激光器:指输出激光波长范围处于真空紫外光谱区(50~2000 Å)的激光器,氢(H)分子激光器(1644~1098 Å)、氙(Xe)准分子激光器(1730 Å)等是其典型代表。

(7) X 射线激光器:指输出激光波长范围处于 X 射线谱区(0.01~50 Å)的激光器,目前仍处于探索阶段。

5）按激光传输方式分类

按照激光传输方式分类，激光加工设备可以分为硬光路和软光路激光加工设备。

硬光路是指激光器产生的激光通过各类镜片传输并作用在工件上，适用各类峰值功率要求较高的加工设备，但由于其光路是固定的，结构比较笨重，光路控制不灵活，不利于工装夹具的放置。

软光路是指激光器产生的激光通过光纤作为传输介质作用在工件上，光纤传输的光斑功率密度均匀，输出端体积小，适用于各类自动线生产中，但传输的功率较小。

1.2.4 激光与加工材料相互作用的机理

激光与物质的相互作用，既包括复杂的微观量子过程，也包括激光作用于各种介质材料所发生的宏观现象，如激光的反射、吸收、折射、衍射、干涉偏振、光电效应、气体击穿等。

1. 激光与材料相互作用的能量变化过程

激光与材料相互作用时，两者的能量转化遵守能量守恒定律，有

$$E_0 = E_{反射} + E_{吸收} + E_{透射} \tag{1-4}$$

式中：E_0 为入射到材料表面的激光能量；$E_{反射}$ 为被材料反射的能量；$E_{吸收}$ 为被此材料吸收的能量；$E_{透射}$ 为激光透过材料后仍保留的能量。式(1-4)可转化为

$$1 = E_{反射}/E_0 + E_{吸收}/E_0 + E_{透过}/E_0$$

即

$$1 = R + \alpha + T$$

式中：R 为反射系数；α 为吸收系数；T 为透射系数。当材料对激光不透明时，$E_{透过} = 0$，则 $1 = R + \alpha$。

大多数金属和非金属材料对激光是不透明的，一部分非金属材料对激光是部分透明的，如有机玻璃、水晶材料等。

2. 激光与材料相互作用的物态变化

1）激光照射金属材料

激光照射金属材料表面时，在不同的功率密度和照射时间下，材料表面区域将发生不同的变化，如图 1-21(a)、(b)、(c)、(d)所示。

(1) 固态加热：激光功率密度较低、照射时间较短时，金属吸收的激光能量只能引起材料由表及里温度升高，但维持固相不变。

这个过程主要用于零件退火和相变硬化处理。

(2) 表层熔化一：激光功率密度提高、照射时间加长时，金属吸收的激光能量使材料表层逐渐熔化，随着输入能量增加，液-固分界面逐渐向材料深部移动。

这个过程主要用于金属的表面重熔、合金化、熔覆和热导型焊接。

(3) 表层熔化二：进一步提高激光功率密度、加长照射时间，材料表面不仅熔化而且气化，形成增强吸收等离子体云。气化物集聚在材料表面附近并电离形成微弱等离子体，有助于材料对激光的吸收。在气化膨胀压力下液态表面形成凹坑。

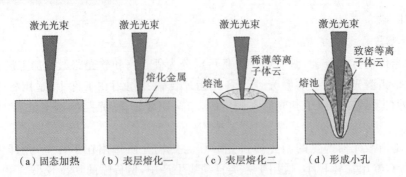

图 1-21 激光照射金属材料时的主要过程

这个过程主要用于激光焊接。

（4）形成小孔及阻隔激光的等离子体云：再进一步提高功率密度、加长照射时间，材料表面强烈气化形成较高电离密度的等离子体云，这种致密的等离子体云对激光有屏蔽作用，大大降低了激光入射到材料内部的能量密度。在较大的蒸气反作用力下，熔化的金属内部形成小孔，通常称为匙孔，匙孔的存在有利于材料对激光的吸收。

这一阶段可用于激光深熔焊接、切割和打孔、冲击硬化等。

由以上分析可知，随着激光功率密度与照射时间的增加，金属材料将会发生相态 → 液态 → 气态 → 等离子态几种物态变化。

2）激光照射非金属材料

非金属材料可以分为有机非金属材料、无机非金属材料和复合材料三个大类。

激光加工中常见的无机非金属材料有陶瓷、玻璃、水晶及硅片等，有机非金属材料有木材、皮革、纸张、有机玻璃、橡胶、树脂和合成纤维等，复合材料的种类更是繁多。

非金属材料表面对激光的反射率比金属表面要低得多，有利于激光加工进行。

有机非金属材料的熔点或软化点一般比较低，有的吸收了激光光能后内部分子振荡加剧，使通过聚合作用形成的巨分子又解聚并迅速气化，如激光切割有机玻璃。有机非金属材料经过激光加工部位的边缘可能会炭化。

无机非金属材料的导热性一般较差，激光会沿着加工路线产生很大的热应力使材料产生裂缝或破碎。线胀系数小的材料如石英不容易破碎，线胀系数大的材料如玻璃和陶瓷等容易破碎。

非金属材料还可以分为透明非金属材料和不透明非金属材料，激光照射在玻璃或其他高透材料上时，高透材料对该激光波长的吸收率及该脉冲激光能量这两个参数对激光加工效果起决定作用。

在透明材料加工中使用超短脉冲激光器是提高脉冲激光能量的主要方法，即使用超快激光器在近红外波长范围内产生次皮秒脉冲，超短脉冲每平方厘米的功率密度超过太瓦，引发透明材料内部的多光子吸收、雪崩和碰撞电离现象，采用这一方法时的热影响可以忽略不计，通常被称为"冷消融"。

3）激光照射产品表面附着物

激光照射产品表面附着物如图 1-22 所示，表面附着物以油污、氧化物锈迹、油漆和污垢为主。

（1）光气化/光分解：激光光束在焦点附近产生几千度至几万度高温使表面附着物瞬间气化或分解。

（2）光剥离：激光光束使表面附着物受热膨胀，当膨胀力大于基体之间的吸附力时物体表面附着物便会从物体的表面脱离。

（3）光振动：利用较高频率和功率的脉冲激光冲击物体的表面，在物体表面产生超声波，超声波在冲击中下层硬表面以后返回，与入射声波

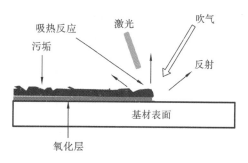

图 1-22　激光照射产品表面附着物示意图

发生干涉，从而产生高能共振波，使表面附着物发生微小爆裂、粉碎、脱离基体物质表面，当工件与表面附着物对激光光束的吸收系数差别不大，或者表面附着物受热后会产生有毒物质等情况时，可以选用这种方式。

4）激光照射生物组织

激光与生物组织相互作用后引起的组织变化称为激光的生物效应。

激光的生物效应是激光的热作用、压强作用、光化作用、电磁场作用和生物刺激作用所致，其中最重要的是激光的热作用和光化作用。

激光的热作用是生物组织吸收激光后温度升高的现象。当激光热作用较弱时可以给生物组织能量以改变病理状态恢复健康。当激光热作用较强时可以造成生物组织局部粘连焊接、气化、凝固和切除，达到激光医疗的目的。

激光直接引起生物的生化作用称为光化作用，光化反应有视觉作用、光合作用、光敏作用等类型，激光会使光化反应更为方便、易控、有效和广泛。

3. 影响金属对激光吸收率的因素

金属对激光的吸收与波长、材料性质、温度、表面状况、功率密度等因素有关。

1）波长、金属材料性质的影响

常用金属在室温下的反射率与波长的关系曲线如图 1-23 所示，总体而言是激光波长短、反射率低、吸收率高。材料导电性好、吸收率低。

在红外区，近似的有 $A \propto \lambda/2$，随着波长的增加，吸收率减小，反射率增大。大部分金属对 $10.6~\mu m$ 波长红外光反射强烈，而对 $1.06~\mu m$ 波长红外光反射较弱。在可见光及其附近区域，不同金属材料的反射率呈现错综复杂的变化。

在 $\lambda > 2~\mu m$ 的红外光区，所有金属的反射率都表现出接近于 1 的共同规律。

2）温度的影响

金属材料在室温时的激光吸收率均很小，随温度升高而增大。

当温度升高到接近材料熔点时，激光吸收率可达 $40\% \sim 50\%$，温度接近沸点，吸收率可高达 90%。

某些金属对 $1~\mu m$ 波长光波吸收率随温度变化的试验结果如图 1-24 所示。

3）表面状况的影响

金属表面状态对入射激光的吸收影响较大。

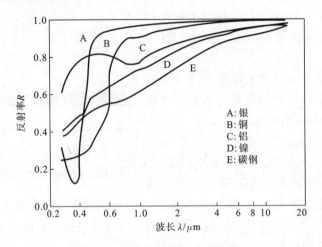

图 1-23 金属反射率与波长的关系

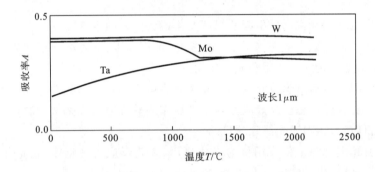

图 1-24 几种金属对 1 μm 波长光波吸收率与温度关系

在实际激光加工中,金属材料在高温下形成的氧化膜可显著增大对波长为 10.6 μm 激光的吸收率。

金属表面越粗糙,对激光的吸收率越高,例如对金属表面进行喷砂、涂层处理,都可有效增大金属对激光的吸收率。常见涂层的吸收率如表 1-1 所示。

表 1-1 不同涂层的吸收率数据

常见涂料	吸收率	涂层厚度/mm
磷酸盐	＞0.90	0.25
氧化锆	0.90	—
氧化钛	0.89	0.20
炭黑	0.79	0.17
石墨	0.63	0.15

4) 功率密度

功率密度超过材料的阈值时会导致金属表面汽化,大幅度提高激光吸收率。

1.3　激光切割与激光切割机

1.3.1　激光切割概述

1.　激光切割原理

激光切割是利用高功率、高密度激光光束照射工件使其发生熔化、气化、断裂等现象,从而达到切断材料的目的,如图1-25所示。

2.　激光切割主要方式分类

1)气化切割

利用高能量、高密度的激光光束加热工件,使工件材料表面温度快速升至沸点,部分材料气化消失,部分材料从切缝底部被辅助气体吹走、气化形成材料切口。

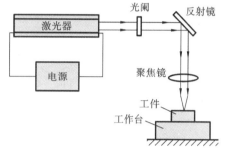

气化切割多用于极薄金属材料和某些不能熔化的非金属材料,如木材、碳素材料、塑料及橡皮等。

图1-25　激光切割示意图

2)熔化切割

利用高能量、高密度的激光光束加热工件使材料熔化,喷嘴喷吹高压非氧化性气体(如Ar、He、N等)使熔化材料排出形成材料切口。

熔化切割多用于不易氧化的材料或活性金属的切割,如不锈钢、钛、铝及其合金等。

3)氧化熔化切割

利用高能量、高密度的激光光束为预热热源,喷嘴喷吹高压氧气等活性气体作为切割气体。高压氧气一方面与切割金属发生氧化反应放出大量的氧化热,另一方面把熔融的氧化物和熔化物从反应区吹出,形成材料切口。

氧化熔化切割多用于碳钢、钛钢以及热处理钢等易氧化的金属材料。

4)控制断裂切割

利用高能量、高密度的激光光束在脆性材料上产生大的热梯度和严重的机械变形,并受热蒸发形成一条小槽,然后施加一定的外力使脆性材料沿小槽断裂形成材料切口。

控制断裂切割多用于陶瓷和圆晶的划片。

1.3.2　激光切割机系统组成概述

1.　激光切割机总体结构

按照激光切割头与工作台相对移动的方式分类,激光切割机可分为光束固定式(定光路)、光束移动式(飞行光路)和混合光路式(半固定半移动混合)的三种类型。

图 1-26 光束固定式激光切割机

（1）光束固定式：在切割过程中，光束固定式切割机的切割头固定不动，工作台位置沿 X、Y 轴方向移动，如图 1-26 所示。

（2）光束移动式：在切割过程中，光束移动式切割机的切割头沿 X、Y 轴方向移动，工作台位置固定不动，所以加工尺寸大、设备占地面积小，工件无需夹紧，是主流的切割机机型。

常见的光束移动式切割机是悬臂结构和龙门结构的，图 1-27(a) 所示的是 X-Y-Z 轴悬臂结构光束移动式激光切割机示意图，图 1-27(b) 所示的是 X-Y-Z 轴龙门结构光束移动式激光切割机示意图。

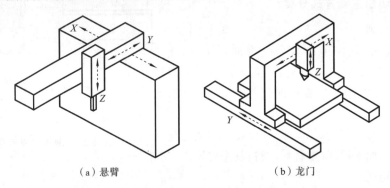

（a）悬臂　　　　　　　　　　（b）龙门

图 1-27 X-Y-Z 轴光束移动式激光切割机示意图

2. 激光切割机的激光器

1）YAG 固体激光器

YAG 固体激光器波长为 $1.06~\mu m$，不能切割非金属材料，输出功率一般在 800 W 以下，主要用于打孔及薄板的切割，可以有脉冲或连续两种作用方式。

主要优点：能切割铝板、铜板以及大多数有色金属材料，价格便宜，使用成本低。

主要缺点：只能切割厚度在 8 mm 以下的材料，且切割效率较低。

市场定位：厚度在 8 mm 以下的金属材料切割。

2）光纤激光器

光纤激光器波长为 $1.06~\mu m$，能切割非金属材料，光电转化率高达 25%。

主要优点：割缝精细，柔性化程度高，切割厚度在 4 mm 以内薄板优势明显。

主要缺点：价格昂贵，切割时由于割缝很细、耗气量巨大，难以切割铝板、铜板等高反射材料，在切割厚板时速度很慢。

市场定位：厚度在 12 mm 以下薄板的高精密切割，随着 5000 W 及以上功率光纤激光器的出现，光纤激光器最终会取代大部分大功率 CO_2 激光器。

3）CO_2 激光器

CO_2 激光器的波长为 $10.6~\mu m$，可以切割木材、亚克力、PP、有机玻璃等非金属材料和大部分不锈钢、碳钢及铝板等金属材料。

主要优点：由于 CO_2 激光器是连续激光，切割断面效果最好。

主要缺点：价格昂贵，维护费用高，使用运营成本很高。

市场定位：厚度在 6～25 mm 的中厚板切割加工。

3. 激光切割机激光导光及聚焦系统

（1）激光导光及聚焦系统功能：在激光加工过程中，根据加工条件、被加工件的形状以及加工要求，激光导光及聚焦系统将不同的激光光束导向和聚焦在工件上，实现激光光束与工件的有效结合。

（2）激光导光及聚焦系统组成：小型 CO_2 激光切割机激光导光及聚焦系统由全反镜组成的导光系统和聚焦镜组成的聚焦系统组成，如图 1-28 所示。

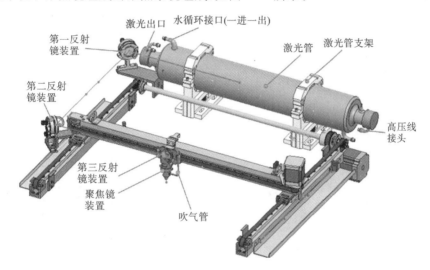

图 1-28　小型 CO_2 激光切割机激光导光及聚焦系统

4. 激光切割机控制系统

（1）控制系统组成：激光切割机控制系统的主要控制对象由激光器、运动机构中的步进电动机驱动器、吹排气风机及冷水机等组成，如图 1-29 所示。

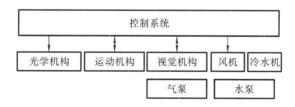

图 1-29　激光切割机控制系统功能

（2）控制系统软件及硬件组成：控制系统硬件由工控机、控制面板、主控制卡、接口板、驱动器、步进电动机等组成，如图 1-30 所示。

主控制器接收计算机和面板操作控制命令，完成控制电动机运行、控制激光发生系统、监测提示各种控制状态的工作。

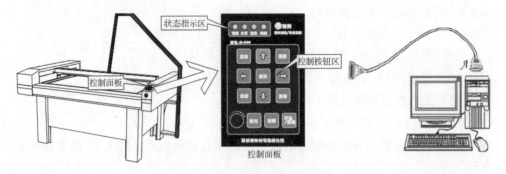

图 1-30　控制系统硬件组成

　　控制面板包括开始、激光高压、复位、手动出光、暂停、方向等按钮及状态指示灯和激光能量调节器。

　　控制系统软件支持各种通用图形软件生成的 PLT、BMP、DXF 文件格式,采用矢量与点阵混合工作模式,可以完成雕刻、切割工作。

5. 激光切割机传感与检测系统案例

　　(1) X 轴正、负行程限位系统如图 1-31 所示。

　　(2) 机器视觉机构如图 1-32 所示。

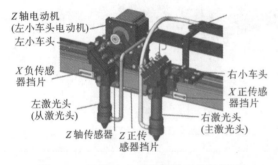

图 1-31　X 轴正、负行程限位系统示意图

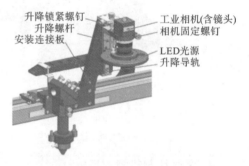

图 1-32　机器视觉机构示意图

6. 激光切割机冷却与辅助系统

　　激光切割机冷却与辅助系统由排风机、吹气泵、冷水机、切割平台等冷却及辅助附件组成。

　　(1) 切割平台:切割平台有两种,一种是蜂巢状平台,适合于加工布料、皮革等柔软材料,如图 1-33(a)所示;另一种为刀条平台,适合于加工有机玻璃、厚板材等硬质材料,如图 1-33

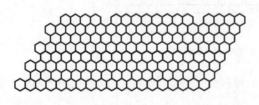

(a) 蜂巢状平台

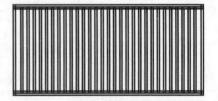

(b) 刀条状平台

图 1-33　切割平台示意图

（b）所示。部分对吸附要求较高的设备配有真空吸附平台。

（2）排风机用来保持抽风、排烟通畅。

（3）当环境温度大于 35 ℃（最大允许值）时，设备运行稳定性降低。

（4）冷水机用来保证冷却水水温不大于 30 ℃（最大允许值）。

1.4 激光安全防护知识

1.4.1 激光加工危险

1. 激光加工危险分类

根据《激光加工机械安全要求》（GB/T 18490—2001），使用激光加工设备时可能导致两大类危险：第一类是设备固有的危险；第二类是外部影响（干扰）造成的危险。危险是引起人身伤害或设备损坏的原因。

1）设备固有危险

激光加工设备固有危险一共有 8 个大类。

（1）机械危险：机械危险包括激光加工设备运动部件、机械手或机器人运动过程中产生的危险，主要包含以下几个方面。

① 设备及其运动部件的尖棱、尖角、锐边等的刺伤和割伤危险。

② 设备及其运动部件倾覆、滑落、冲撞、坠落或抛射危险。

例如，激光加工设备上的机械手可能会把防护罩打穿一个孔，可能损坏激光器或激光传输系统，还可能会使激光光束指向操作人员、周围围墙和观察窗孔。

（2）电气危险：激光加工设备总体而言属于高电压、大电流的设备，电气危险首先可能是高电压、大电流对操作人员的伤害和对设备造成的损坏，其次是在极高电压下无屏蔽元件产生的臭氧或 X 射线，它们都会直接造成触电等人身伤亡事故。

（3）噪声危险：使用激光加工设备时常见的噪声源有吸烟雾用的除尘设备运转喧叫声、抽真空泵的马达噪声、冷却水用的水泵马达噪声、散热用的风扇转动噪声等。

在无适当防护的情况下，当噪声总强度超过 90 dB 时可引起头痛、耳鸣、心律不齐和血压升高等后果，甚至可致噪声性耳聋。

激光加工设备整机噪声声压级不应超过 75 dB（A）。声压级测量方法应符合 GB/T 16769—2008 的规定。

（4）热危险：在使用激光加工设备时可能导致火灾、爆炸、灼伤等热危险，热危险可分为人员烫伤危险和场地火灾危险两大类。

激光加工设备爆炸源主要有泵浦灯、大功率玻璃管激光器、电解电容等。

由热危险导致烧穿激光加工设备的冷却系统和工作气体管路以及传感器的导线，可能造成元器件损毁或机械危险产生。

激光光束意外地照射到易燃物质上可能导致火灾。

（5）振动危险。

（6）辐射危险的分类和后果。

① 辐射危险种类：辐射危险与热危险密不可分，它可以分为三类。

● 直射或反射的激光光束及离子辐射导致的危险。

● 泵浦灯、放电管或射频源发出的伴随辐射（紫外、微波等）导致的危险。

● 激光光束作用使工件发出二次辐射（其波长可能不同于原激光光束的波长）导致的危险。

② 辐射危险后果：辐射危险会引起聚合物降解和有毒烟雾气体，尤其是臭氧的产生，会造成可燃性物料的火灾或爆炸，会对人形成强烈的紫外光、可见光辐射等。

（7）设备与加工材料导致的危险的分类及副产物。

① 危险种类：设备与加工材料导致的危险的分类及副产物。

● 激光设备使用的制品（如激光气体、激光染料、激活气体、溶媒）导致的危险。

● 激光光束与物料相互作用（如烟、颗粒、蒸气、碎块）导致的火灾或爆炸危险。

● 促进激光光束与物料作用的气体及其产生的烟雾导致的危险，包括中毒和氧缺乏危险。

② 各类激光加工时常见的副产物与危险。

● 陶瓷加工：铝（Al）、镁（Mg）、钙（Ca）、硅（Si）、铍（Be）的氧化物，其中氧化铍（BeO）有剧毒。

● 硅片加工：浮在空气中的硅（Si）及氧化硅的碎屑可能引起硅肺病。

● 金属加工：锰（Mn）、铬（Cr）、镍（Ni）、钴（Co）、铝（Al）、锌（Zn）、铜（Cu）、铍（Be）、铅（Pb）、锑（Sb）等金属及其化合物对人体是有影响的。

其中 Cr、Mn、Co、Ni 对人体致癌，Zn、Cu 金属烟雾引起发烧和过敏反应，金属 Be 引起肺纤维化。

在大气中切割合金或金属时会产生较多重金属烟雾。

金属焊接与金属切割相比，产生的重金属烟雾量较低。

金属表面改性一般不会发生，但有时也会产生重金属烟雾。

低温焊接与钎焊可能会产生少量的重金属蒸气、焊剂蒸气及其副产物。

● 塑料加工：切割加工、温度较低时产生脂肪族烃，而温度较高时则会使芳香族烃（如苯、PAH）和多卤多环类烃（如二氧芑、呋喃）增加。其中聚氨酯材料会产生异氰酸盐，PMMA 会产生丙烯酸盐，PVC 材料会产生氧化氢。

氰化物、CO、苯的衍生物是有毒气体，异氰酸盐、丙烯酸盐是过敏源和刺激物，甲苯、丙烯醛、胺类刺激呼吸道，苯及某些 PAH 物质会致癌。

在切割纸和木材时会产生纤维素、酯类、酸类、乙醇、苯等副产物。

（8）设备设计时忽略人类工效学原则而导致的危险如下。

① 误操作危险；

② 控制状态设置不当；

③ 不适当的工作面照明。

2）设备外部影响（干扰）造成的危险

设备外部影响（干扰）造成的危险是指激光加工设备外部环境变化后所造成的设备状态

参数变化而导致的危险状态,也可以分为以下 8 类。

(1) 温度变化;

(2) 湿度变化;

(3) 外来冲击和振动;

(4) 周围的蒸气、灰尘或其他气体干扰;

(5) 周围的电磁干扰及射电频率干扰;

(6) 断电和电压起伏;

(7) 由于安全措施错误或不正确定位产生的危险;

(8) 由于电源故障、机械零件损坏等产生的危险。

上述两大类共计 16 小类危险程度在不同材料和不同加工方式中的影响程度是不同的,表 1-2 列出了用 CO_2 激光器切割有机玻璃时可能产生危险程度分类。用户可以根据上述方法分析激光焊接、激光打标时可能遇到的主要危险,在激光设备和制定加工工艺时应该采取措施来防范以上这些危险。

表 1-2 CO_2 激光器切割有机玻璃时可能产生危险程度

危　　险	程　度	危　　险	程　度	危　　险	程　度
机械危险	程度一般	辐射危险	程度严重	湿度产生的危险	程度一般
电气危险	程度一般	材料导致的危险	程度严重	外来冲击/振动产生的危险	程度一般
噪声危险	基本没有	设计时危险	程度一般	周围的蒸气、灰尘或其他气体产生的危险	程度一般
热危险	程度严重	温度	程度一般	电磁干扰/射电频率干扰产生的危险	程度一般
断电/电压起伏	基本没有	安全措施错误危险	程度一般	失效、零件损坏等产生的危险	程度一般

2. 激光辐射危险分级

激光辐射危险是激光加工时的特有和主要危险,必须重点关注。

评价激光辐射的危险程度是以激光光束对眼睛的最大可能的影响(maximal possible effect,MPE)做标准,即根据激光的输出能量和对眼睛损伤的程度把激光分为 4 类,再根据不同等级分类制定相应的安全防护措施。

国标 GB/T 18490—2001 规定了激光加工设备辐射的危险程度,它们与国际电工委员会(IEC)的标准(IEC60825)、美国国家标准(ANSIZ136)或其他相关的激光安全标准相同。

根据国际电工技术委员会 IEC60825.1:2001 制定的标准,激光产品可分为下列几类,如表 1-3 所示。

(1) 1 类激光产品:1 类激光产品的波长范围为 400~700 nm,输出激光功率输出小于 0.4 mW,又可以分为普通 1 级和 1M 级激光产品两类。普通 1 级激光产品不论何种条件下对眼睛和皮肤的影响都不会超过 MPE 值,即使在光学系统聚焦后也可以利用视光仪器直视激光光束,在保证设计上的安全后不必特别管理,又可称无害免控激光产品。

表 1-3   激光辐射危险分级

激光辐射危险分级		输出激光功率	波 长 范 围
1 类	普通 1 级激光产品	小于 0.4 mW	400～700 nm
	1M 级激光产品		
2 类	普通 2 级激光产品	0.4～1 mW	400～700 nm
	2M 级激光产品		
3 类	3A 级激光产品	1～5 mW	302.5～1064 nm
	3B 级激光产品	5～500 mW	
4 类	4 类激光产品	500 mW 以上	302.5 nm 至红外光

1M 级激光产品在合理可预见的情况下操作是安全的,但若利用视光仪器直视光束,便可能会造成危害。典型的 1 类激光产品有激光教鞭、CD 播放设备、CD-ROM 设备、地质勘探设备和实验室分析仪器等,如图 1-34 所示。

图 1-34   1 类激光产品举例

(2) 2 类激光产品:2 类激光产品激光的波长范围为 400～700 nm,能发射可见光,设备激光功率输出在 0.4～1 mW 之间,又可称为低功率激光产品。2 类激光产品也可以分为普通 2 级和 2M 级激光产品两类。人闭合眼睛的反应时间约为 0.25 s,普通 2 级激光产品可通过眼睛对光的回避反应(眨眼)提供足够保护,如图 1-35 所示。

图 1-35   普通 2 级激光产品举例

2M 级激光产品的可视激光会导致晕眩,用眼睛偶尔看一下不至造成眼损伤,但不要直接在光束内观察激光,也不要用激光直接照射眼睛,避免用远望设备观察激光。

典型应用如课堂演示、激光教鞭,瞄准设备和测距仪等,如图 1-36 所示。

(3) 3 类激光产品:3 类激光产品激光的波长范围为 302.5～1064 nm,为可见或不可见的连续激光,输出的激光功率为 1～500 mW 之间,又可称中功率激光产品。3 类激光产品分为 3A 级和 3B 级产品。

3A 级激光产品输出为可见光的连续激光,输出为 1～5 mW 的激光光束,光束的能量密度不要超过 25 W/mm²,要避免用远望设备观察 3A 级激光。

3A 级激光产品的典型应用和 2 类激光产品有很多相同之处,这类产品的发射极限不得超过波长范围为 400～700 nm 的 2 类产品的 5 倍,在其他波长范围内亦不许超过 1 类产品的 5 倍。

3B 级激光产品为 5～500 mW 的连续激光,直视激光光束会造成眼损伤,但将激光改变成非聚焦、漫反射时一般无危险,对皮肤无热损伤,3B 级激光的典型应用有半导体激光治疗仪、光谱测定和娱乐灯光表演等,如图 1-37 所示。

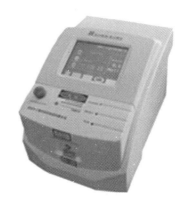

图 1-36 2M 级激光产品举例   图 1-37 3 类激光产品举例

(4) 4 类激光产品:4 类激光产品波长范围为 302.5 nm 至红外光,为可见或不可见的连续激光,输出的激光功率大于 500 mW,又可称大功率激光产品。4 类激光产品不但其直射光束及镜式反射光束对眼和皮肤损伤相当严重,其漫反射光也可能给人眼造成损伤,并可灼伤皮肤及酿成火警,扩散反射也有危险。

大多数激光加工设备,如激光热处理机、激光切割机、激光雕刻机、激光打标机、激光焊接机、激光打孔机和激光划线机等均为典型的 4 类激光产品。激光外科手术设备和显微激光加工设备等也属于 4 类激光产品,如图 1-38 所示。

图 1-38 4 类激光产品举例

1.4.2　激光加工危险防护

1. 激光辐射伤害防护

1）激光辐射伤害防护主要措施

（1）操作人员应具备辐射防护知识，配戴与激光波长相适应的防护眼镜，如图1-39所示。

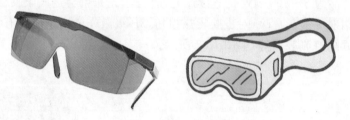

图1-39　激光防护镜

（2）激光加工设备应具备完善的激光辐射防护装置。

（3）激光加工场地应具备完善的激光防护装置和措施。

2）激光防护眼镜类型与选用

激光防护眼镜可全方位防护特定波段的激光和强光，防止激光对眼睛的伤害。其光学安全性能应该完全满足《激光防护镜生理卫生标准》（GJB 1762—1993）及《ROHS标准》。

（1）激光防护眼镜类型有以下几种。

① 吸收型激光防护眼镜：吸收型防护眼镜在基底材料PMMA或P.C中添加特种波长的吸收剂，能吸收一种或几种特定波长的激光，又允许其他波长的光通过，从而实现激光辐射防护。

吸收型防护眼镜只能防护可见光和近红外光谱中极小的一部分，其优点是抗激光冲击能力优良，对激光衰减率较高，表面不怕磨损，即使有擦划，也不影响激光的安全防护；缺点是由于吸收激光能量容易导致本身破坏，同时它的可见光透过率不高，影响观察。

② 反射型激光防护眼镜：反射型激光防护眼镜是在基底上镀多层介质膜，有选择地反射特定波长的激光，而让在可见光区内的其他邻近波长的激光大部分通过。

市面上能够买到的防护眼镜大部分是反射型激光防护眼镜。由于是反射激光，它比吸收型防护眼镜能够承受更强的激光，可见光透过率高，同时激光的衰减率也较高，光反应时间快（小于10^{-9} s）；缺点是多层涂膜对激光反射的效果随激光入射角变化而变化，如果对激光防护要求很高，需要的涂层就会较厚，这对玻璃透光性影响很大，另外，镀的介质层越厚越容易脱落，且脱落之后不易肉眼观察到，这是非常危险的。

③ 复合型激光防护眼镜：复合型激光防护眼镜是在吸收式防护材料表面上再镀上反射膜，既能吸收某一波长的激光，又能利用反射膜反射特定波长的激光，兼有吸收式和反射式两种激光防护眼镜的优点，但可见光透过率相对于反射式防护镜的材料而言有很大程度的下降。

④ 新型激光防护材料：新型激光防护材料基于非线性光学原理，主要利用非线性吸收、非线性折射、非线性散射和非线性反射等非线性光学效应来制造激光防护眼镜。

例如,碳—碳高分子聚合物(C60)制成的激光防护眼镜,可使透光率随入射光强的增加而降低。又如,全息激光防护面罩是采用全息摄影方法在基片上制作光栅,对特定波长的激光产生极强的一级衍射,是一种新型防护装备。

(2)激光防护眼镜选用的原则及指标。

① 激光防护眼镜的选择原则:选择防护眼镜时,首先根据所用激光器的最大输出功率(或能量)、光束直径、脉冲时间等参数确定激光输出最大辐照度或最大辐照量。而后,按相应波长和照射时间的最大允许辐照量(眼照射限值)确定眼镜所需最小光密度值,并据此选取合适防护眼镜。

② 选择激光防护眼镜的几个指标如下。

● 最大辐照量 H_{max}(J/m²)或最大辐照度 E_{max}(W/m²);

● 特定的激光防护波长;

● 在相应防护波长的所需最小光密度值 OD_{min}。

光密度(optical density,OD)是一个没有量纲的对数值,表示某种材料入射光与透射光比值的对数或者说是光线透过率倒数的对数。计算公式为 OD=lg(入射光/透射光)或 OD=lg(1/透射率),它有 0,1,…,7 个等级,对应的光线透过率(或衰减系数)如表 1-4 所示。OD 数值越大,激光防护眼镜的防护能力越强。

● 镜片的非均匀性、非对称性、入射光角度效应等。

● 抗激光辐射能力。

● 可见光透过率 VLT(visible light transmittance):激光防护眼镜的 VLT 数值低于 20%,所以激光防护眼镜需要在良好照明的环境中使用,保证操作人员在佩戴激光防护眼镜后视觉良好。

● 结构外形和价格。包括是否佩戴近视眼镜、人员的面部轮廓。

表 1-4 光密度、光透过率和衰减系数之间的关系

光密度	光透过率/(%)	衰减系数
0	100	1
1	10	10
2	1	100
3	0.1	1000
4	0.01	10000
5	0.001	100000
6	0.0001	1000000
7	0.00001	10000000

③ 激光防护眼镜实例如图 1-40 所示。

3)激光加工设备上的激光辐射防护装置

(1)设备启动/停开关:激光加工设备启动/停开关应该能使设备停止(致动装置断电),同时,或者隔离激光光束,或者不再产生激光光束。

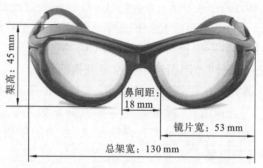

【产品名称】：激光防护眼镜
【产品型号】：SK-G16
【防护波长】：1064 nm
【光密度OD】：6+
【可见光透过率】：85%
【防护特点】：反射式全方位防护
【适合激光器】：四倍频Nd:YAG激光器
准分子激光器、He-Cd激光器、YAG激光器、
半导体激光器

架高：45 mm
鼻间距：18 mm
镜片宽：53 mm
总架宽：130 mm

图 1-40   激光防护眼镜实例

（2）急停开关：急停开关应该能同时使激光光束不再产生并自动把激光光闸放在适当的位置，使加工设备断电，切断激光电源并释放储存的所有能量。

如果几台加工设备共用一台激光器且各加工设备的工作彼此独立无关，则安装在任意一台设备上的紧急终止开关都可以执行上述要求，或者使有关的加工设备停设备（致动装置断电），同时切断通向该加工设备的激光光束。

（3）隔离激光光束的措施：通过截断激光光束和/或使激光光束偏离实现激光光束的隔离。实现光束隔离的主要器件有激光光束挡块（光闸）。

（4）激光加工场地的激光防护装置和措施。

① 防护要求：在操作激光设备时，排除人员受到 1 类以上激光辐射照射。在设备维护维修时，排除人员受到 3A 级以上激光辐射照射。

② 防护措施：当激光辐射超过 1 类时，应该用防护装置阻止无关人员进入加工区。

用户的操作说明中应该说明要采用的防护类型是局部保护还是外围保护。

局部保护是使激光辐射以及有关的光辐射减小到安全量值的一种防护方法，例如，固定在工件上光束焦点附近的套管或小块挡板。

外围保护是通过远距离挡板（如保护性围栏）把工件、工件支架以及加工设备，尤其是运动系统封闭起来，使激光辐射以及有关的光辐射减小到安全量值的防护方法。

2. 非激光辐射伤害防护

激光加工时的非激光伤害主要有触电危害、有毒气体危害、噪声危害、爆炸危害、火灾危害、机械危害等。

1）触电危害防护措施

（1）培训工作人员掌握安全用电知识。

（2）严格要求激光设备的表壳接地良好，并定期检查整个接地系统是否真正接地。

（3）不准使用超容量保险丝和超容量保护电路断开器。

（4）检修仪器时注意首先用泄漏电阻给电容器放电。

（5）经常保持环境干燥。

2）防备有毒气体危害的安全措施

（1）激光设备的出光处必须配备有足够初速度的吸气装置，将加工有害烟雾及时吸掉、抽走并经活性炭过滤后排出室外。

(2) 工作室要安排通风排气设备,抽走弥散在工作室内的残余有毒气体。

(3) 平时保持工作室通风和干燥,加工场所应具备通风换气条件。

(4) 场地排烟系统设计一般规则如下。

① 排烟系统应安装在车间外部。

② 抽风设备应以严密的排风管连接,风管的安装路径愈平顺愈好。

③ 为避免振动,尽量不要使用硬质排风管连至激光加工设备。

3) 防备噪声危害的安全措施

(1) 采购低噪声的吸气设备。

(2) 用隔音材料封闭噪声源。

(3) 工作室四壁配置吸声材料。

(4) 噪音源远离工作室。

(5) 使用隔音耳塞。

4) 防止爆炸危害的安全措施

(1) 将电弧灯、激光靶、激光管和光具组元件封包起来,且具有足够的机械强度。

(2) 正在连续使用中的玻璃激光管的冷却水不能时通时断。

(3) 经常检查电解电容器,如果有变形或漏油,则应及时更换。

5) 防备火灾危害的安全措施

(1) 安装激光设备(尤其是大电流离子激光设备)时,应考虑外电路负载和闸刀负载是否有足够容量。

(2) 电路中应接入过载自动断开保护装置。

(3) 易燃、易爆物品不应置于激光设备附近。

(4) 在室内适当地方备沙箱、灭火器等救火设施。

6) 防备机械危害的安全措施

(1) 设备部位不得有尖棱、尖角、锐边等缺陷,以免引起刺伤和割伤危险。

(2) 在预定工作条件下,设备及其部件不应出现意外倾覆。

(3) 激光系统、光束传输部件应有防护措施并牢固定位,防止造成冲击和振动。

(4) 设备的往复运动部件应采取可靠的限位措施。

(5) 各运动轴应设置可靠的电气、机械双重限位装置,防止造成滑落的危险。

(6) 联锁的防护装置打开时,设备应停止工作或不能启动,并应确保在防护装置关闭前不能启动。例如,成形室的门打开时,设备不能加工,以防止运动部件高速运行时造成冲撞的危险。

(7) 在危险性较大的部位应考虑采用多重不同的安全防护装置,并有可靠的失效保护机制。如高温保护措施,光束终止衰减器、挡板、自动停机机构等光机电多重保护装置。

2

激光切割产品质量判断及测量方法

2.1 激光光束主要参数与测量方法

2.1.1 激光光束参数基本知识

激光光束参数测量是激光加工生产中的基础工作,对产品质量有重要影响。

1. 激光光束参数

激光光束参数可以分为时域特性、空域特性和频域特性参数三大类。

(1)激光光束时域特性参数:激光光束时域特性参数包括峰值功率、重复功率、瞬时功率、功率稳定性等。对激光加工设备而言,激光的峰值功率是最为重要的时域特性参数,常常要自己测量。

(2)激光光束空域特性参数:激光光束空域特性参数包括激光光斑直径、焦距、发散角、椭圆度、光斑模式、近场和远场分布等。对激光加工设备而言,光斑直径、焦距和光斑模式是最为重要的空域特性参数,常常要自己测量。

(3)激光光束频域特性参数:激光光束频域特性参数包括波长、谱线宽度和轮廓、频率稳定性和相干性等。对激光加工设备而言,频域特性参数由生产激光器的设备厂家提供,一般自己不做测量。

2. 激光光束空域特性参数概述

(1)高斯光束:理论和实际检测都证明,稳定腔激光器形成的激光光束是振幅和相位都在变化的高斯光束,激光加工中大多数情况下希望得到稳定的基模(TEM_{00})高斯光束,如图2-1所示。

(2)基模高斯光束传播规律:基模高斯光束光斑半径 r 会随传播距离 z 的变化按照双曲线规律变化,可以用发散角 θ 来描述高斯光束的光斑直径沿传播 z 方向的变化趋势,如图2-2所示。

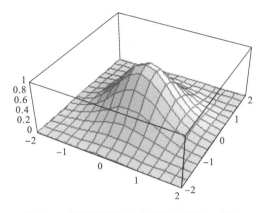

图 2-1 基模(TEM$_{00}$)高斯光束振幅示意图

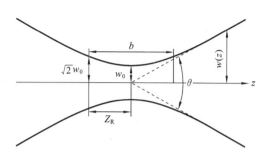

图 2-2 高斯光束传播示意图

当 $z=0$ 时,发散角 $\theta=0$,光斑半径最小,此时称为高斯光束的"束腰"半径,"束腰"半径小于基模光斑半径。

当 z 为光束准直距离 Z_R 时,发散角 θ 最大。

当 z 为无穷远时,发散角 θ 将趋于一个定值,称为远场发散角。

可以在许多激光器的使用手册上查到某类激光器的半径基模光斑半径、准直距离、远场发散角 θ 等数据。

(3)基模高斯光束聚焦强度:理论上可以证明,若激光光路中聚焦透镜的直径 D 为高斯光束在该处的光斑半径 $w(z)$ 的 3 倍,激光光束 99% 的能量都将通过此聚焦透镜聚焦在激光焦点上,获得很高的功率密度,所以激光加工设备的聚焦透镜直径不大,但焦点处的激光光束功率密度却很高。

脉冲激光光束功率密度可达 $10^8 \sim 10^{13}$ W·cm^{-2},连续激光光束功率密度也可达 $10^5 \sim 10^{13}$ W·cm^{-2},满足了材料加工对激光功率的要求。

(4)基模高斯光束焦点与焦深:激光光束经过透镜聚焦后,其光斑最小位置称为激光焦点,如图 2-3 中的 d 所示。焦点光斑直径 d 可以由以下公式粗略计算

$$d=2f\lambda/D$$

式中:f 为聚焦透镜的焦距;D 为入射光束的直径;λ 为入射光束的波长。

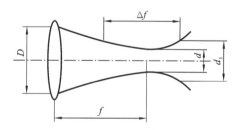

图 2-3 激光焦点图示

由此可以看出,焦点的光斑直径 d 与聚焦透镜焦距 f 和激光波长 λ 成正比,与入射光束的直径 D 成反比,减小焦距 f 有利于缩小光斑直径 d。但是 f 减小,聚焦透镜与工件的间距也缩小,加工时的废气废渣会飞溅、黏附在聚焦透镜表面,影响加工效果及聚焦透镜的寿命,这也是大部分激光加工设备要使用扩束镜的原因。

如果导光聚焦系统能设计为 $f/D\approx 1$,则焦点光斑直径可达到

$$d=2\lambda$$

这说明基模高斯光束经过理想光学系统聚焦后,焦点光斑直径可以达到波长的 2 倍。

(5)基模高斯光束聚焦深度:焦点的聚焦深度,是该点的功率密度降低为焦点功率密度

一半时该点离焦点的距离,如图 2-3 中的 Δf 所示。聚焦深度 Δf 可以由以下公式粗略计算:

$$\Delta f = 4\lambda f^2 / (\pi D^2)$$

由此可以看出,聚焦深度 Δf 与激光波长 λ 和聚焦透镜焦距 f 的平方成正比,与入射到聚焦透镜表面上的光斑直径的平方成反比。

综合来看,要获得聚焦深度较深的激光焦点,就要选择较长焦距的聚焦透镜,但此时聚焦后的焦点光斑直径也相应变粗,光斑大小与聚焦深度是一对矛盾,在激光加工时要根据具体要求合理选择。

3. 激光光束时域特性参数概述

1) 脉冲激光波形和脉宽

图 2-4 所示的是重复频率为 1 Hz 时测量到的某一类灯泵浦脉冲激光器在调 Q 前和调 Q 后的激光波形。

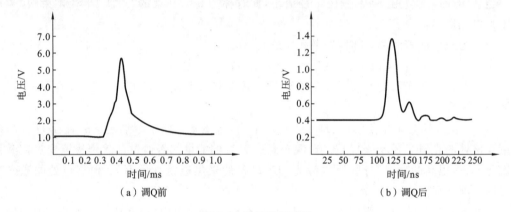

（a）调Q前 （b）调Q后

图 2-4 脉冲激光波形

重复频率是脉冲激光器单位时间内发射的脉冲数,如重复频率 10 Hz 就是指每秒钟发射 10 个激光脉冲。

脉冲激光器脉宽是脉冲宽度的简称,可以简单理解为每发射一个激光脉冲时激光脉冲持续的时间。激光脉冲脉宽因激光器的不同而不同。从图 2-4 可以看出,调 Q 前激光脉冲的持续时间约为 0.1 ms,调 Q 后激光脉冲的持续时间约为 20 ns,只相当于原来时间的1/5000,如果不考虑功率损失,调 Q 后的激光峰值功率提高了近 5000 倍。

脉冲激光器脉宽可以在很大范围内变化,长脉冲激光器脉宽在毫秒级,短脉冲激光器脉宽在纳秒级,超短脉冲激光器脉宽大约在皮秒和飞秒级。

各类脉冲激光器在工业部门都有不同的应用,如图 2-5 所示。

2) 激光功率与能量

激光功率与能量是表明激光有无和强弱的两个相互关联的名词。

(1) 脉冲激光器以重复频率发射激光,激光强弱以每个激光脉冲做功的能量大小来度量比较直观和方便,单位是焦耳(J),即每个脉冲做功多少焦耳。

(2) 连续激光器连续发光,激光强弱以每秒钟做功多少焦耳来度量比较直观和方便,单位是瓦(W),即单位时间内做功多少。

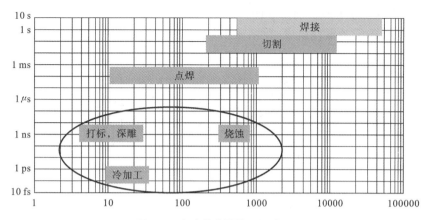

图 2-5　脉冲激光器的不同应用

瓦和焦耳的关系是 1 W＝1 J/s，所以激光功率与能量是可以相互换算的。

例如，一台脉冲激光器，单次脉冲能量是 1 J，重复频率是 50 Hz（即每秒钟发射激光 50 次），每秒钟内做功的平均功率为 50×1 J＝50 J，平均功率就换算为 50 W。

对脉冲激光器而言，计算每个激光脉冲的峰值功率更有实际意义，它是每次脉冲能量与激光脉宽之比。

例如，一台脉冲激光器，脉冲能量是 0.14 mJ/次，重复频率是 100 kHz（即每秒钟发射激光 10^5 次），每秒钟做功的平均功率为 0.14 mJ×10^5＝14 J，平均功率为 14 W。若脉宽为 20 ns，峰值功率为 0.14 mJ/20 ns＝7000 W，可以看出，脉冲激光器的峰值功率要比平均功率大得多。

在激光加工设备的制造和使用中，有时既要计算脉冲激光的峰值功率，也要计算脉冲激光的平均功率。

例如，某台脉冲激光器所使用的 ZnSe 镜片的激光损伤阈值是 500 MW/cm^2，脉冲激光器脉冲能量是 10 J/cm^2，脉宽为 10 ns，重复频率为 50 kHz，平均功率密度为 10 J/cm^2×50 kHz＝0.5 MW/cm^2，峰值功率密度为 10 J/cm^2/10 ns＝1000 MW/cm^2，从激光器的平均功率看，该镜片是不会损伤的，但从峰值功率看是大于该镜片的激光损伤阈值的，所以该镜片不能用于此脉冲激光器。

4. 激光光束频域特性参数概述

激光光束频域特性参数包括波长、谱线宽度和轮廓、频率稳定性和相干性等，在前面的激光知识中已经做了介绍，这里不再赘述。

激光频域特性参数测量一般在科研院所研制新型激光器之类的工作中才可能用到，一般激光加工设备制造和使用厂家很少用到，这里不再赘述。

2.1.2　电光调 Q 激光器静/动态特性测量方法

1. 电光调 Q 激光器组成

利用电光调 Q 激光器，既可以测量激光光束时域参数中的脉冲波形和峰值功率，又可以测量激光光束空域参数中的激光光斑直径、焦距和光斑模式,是了解激光光束参数的极佳实训平台,电光调 Q 激光器器件组成如图 2-6 所示。

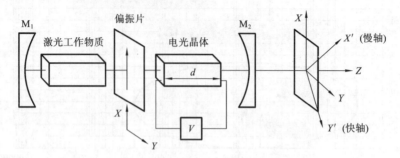

图 2-6　电光调 Q 激光器结构示意图

2. 电光调 Q 激光器的静态特性

YAG 晶体在氙灯泵浦下发光后,如果在电光调制晶体(如 KDP)上未加电压 V,相当于普通的重复频率脉冲激光器。

此时若在半反镜 M_2 端(激光输出端)装上光电二极管传感器与示波器,就可以测试该激光器调 Q 前的脉冲波形;再装上能量计测试出单脉冲能量,还可以计算调 Q 前单脉冲峰值功率,上述几个参数称为电光调 Q 激光器的静态特性。

3. 电光调 Q 激光器的动态特性

如果在电光调制晶体(如 KDP)上加上电压 V,激光器会进入电光调 Q 状态。在氙灯点燃时事先在调制晶体上加电压,使谐振腔处于"关闭"的低 Q 值状态,阻断激光振荡形成。待激光上能级反转的粒子数积累到最大值时,快速撤去调制晶体上的电压,使激光器瞬间处于"打开"的高 Q 值状态,就可以产生雪崩式的激光振荡,输出一个巨脉冲。

此时若在半反镜 M_2 端(激光输出端)装上雪崩二极管传感器与示波器,就可以测试该激光器调 Q 后的脉冲波形;再装上能量计测试出单脉冲能量,就可以计算调 Q 后单脉冲峰值功率,上述几个参数称为电光调 Q 激光器的动态特性。

4. 电光调 Q 激光光束特性测试系统简介

电光调 Q 激光光束特性测试系统如图 2-7 所示,光电二极管与示波器一路可以测试激光器静态特性,雪崩管探测器与示波器一路可以测试激光器动态特性,M 为半反半透镜。

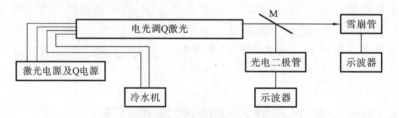

图 2-7　电光调 Q 激光光束特性测试系统示意图

5. 激光器静态特性测试过程

打开激光电源点亮氙灯,选择重复频率为 1 Hz,在不加 Q 电源的情况下,调整光电二极管探测器的位置与示波器的状态,可在示波器上观察到氙灯发光波形,如图 2-8(a)所示,此时对应的工作电压约为 380 V。

加大工作电压,可以测试到激光器的出光阈值点,即激光器产生激光所需的最低电压,如图 2-8(b)所示,此时对应的工作电压约为 400 V(不同激光器有所不同)。

继续加大工作电压,可观察到静态激光脉冲的弛豫振荡现象,如图 2-8(c)所示,此时对应的工作电压为 450V。

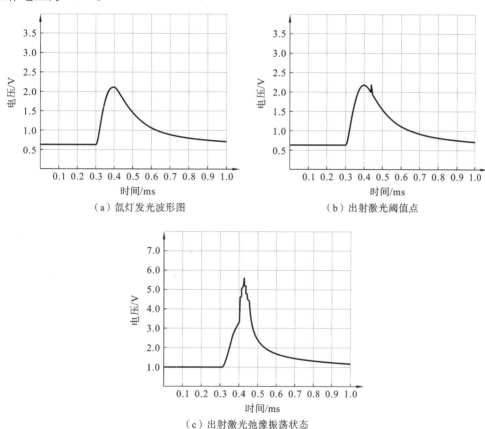

(a)氙灯发光波形图　　　　　　　　(b)出射激光阈值点

(c)出射激光弛豫振荡状态

图 2-8　激光器静态特性测试结果

6. 激光器动态特性测试过程

1)调 Q 晶体关断电压调试

在激光器静态特性调试结果正常的状态下,在电光晶体 KDP 上加上电压并调节电压使静态激光波形完全消失。

微微调高激光器工作电压,观察静态激光波形,再次调节电光晶体 KDP 上的电压使静态激光波形完全消失。

再次调节激光器工作电压,重复上述过程直到激光器工作电压无法再调高,此时电光晶体 KDP 上的电压即为调 Q 晶体关断电压。

2)调 Q 延迟时间

在激光关断的情况下,给出退压信号,此时激光以调 Q 脉冲方式输出。

使用激光能量计,调节退压信号延迟旋钮找出激光输出最大位置,此时即为调 Q 最佳延迟时间,此时可以通过示波器获得调 Q 激光器动态特性测试的波形图。

3) 激光器动态特性测试结果

用光电二极管与示波器测试到的激光调 Q 波形如图 2-9(a)所示,改用雪崩二极管与示波器测试到的激光调 Q 波形如图 2-9(b)所示。

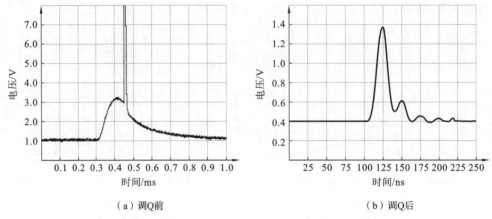

(a) 调Q前　　　　　　　　　　(b) 调Q后

图 2-9　调 Q 激光器动态特性测试结果

从图 2-9 可以看出,在最佳调 Q 延迟时间对应状态下调 Q 激光脉冲脉宽约为 15 ns,大约为未调 Q 激光脉冲脉宽的千分之一。

激光脉冲宽度在 5～100 ns 时,示波器的使用带宽为 100～500 MHz,最好是使用记忆示波器,激光脉冲宽度短到 1 ns 以下时,要使用高速电子光学条纹照相机或双光子吸收荧光法和二次谐波强度相关法等测量技术。

2.1.3　激光功率/能量测量方法

1. 激光功率/能量测量知识

1) 功率/能量测量方法

激光功率/能量的测量方法有两种:一种是信号获取采用光-热转换方式的直接测量法;另一种是信号获取采用光-电转换方式的间接测量法。

直接测量法中,激光功率探头/能量探头是一个涂有热电材料的吸收体,热电材料吸收激光能量并转化成热量,导致探头温度变化产生电流,电流再通过薄片环形电阻转变成电压信号传输出来,如图 2-10 所示。

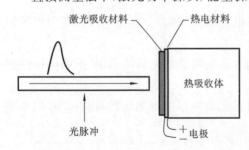

图 2-10　光-热激光功率/能量探头示意图

间接测量法中,选用光电式探头让激光信号转换为电流信号,再转化为与输入激光功率/能量成正比的电压信号完成能量的测量,如图 2-11 所示。此种方法探测灵敏度高、响应速度快、操作方便,因而市场占有率高。

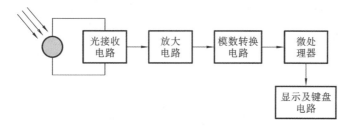

图 2-11 光-电激光功率/能量探头示意图

2）功率/能量测量方式

激光功率/能量的测量方式有两种：一种是连续激光功率测量，常用功率计测量激光功率，也可以用测量一定时间内的能量的方法求出平均功率；另一种是脉冲激光能量测量。常用能量计直接测量单个或数个脉冲的能量，也可以用快响应功率计测量脉冲瞬时功率，并对时间积分而求出能量。

激光功率/能量测量装置是由探头和功率计/能量计组成的，如图 2-12 所示。

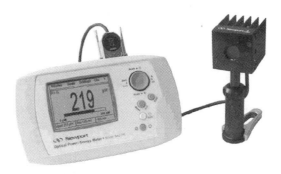

图 2-12 激光功率计与探头的连接

激光功率/能量测量区别只是使用了不同的功率/能量探头和功率计/能量计，如图 2-13 所示。

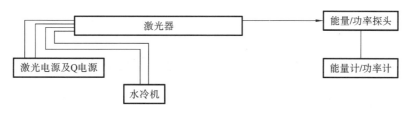

图 2-13 激光功率/能量测量方式

激光功率探头有热电堆型、光电二极管型以及包含两种传感器的综合探头，激光能量探头有热释电传感器探头和热电堆传感器探头。

探头选择取决于激光光束的类型及参数，例如，激光是连续的还是脉冲的、激光功率/能量的范围是多少、激光光束波长的范围等，没有一款探头能适应所有的激光测试条件。

由于探头种类较多，可以通过厂商提供的筛选软件来选择合适的探头。为了避免强激光的损害，激光功率/能量测试时在探头前还可以选配各种形式的衰减器。

2. 激光功率/能量测量技能训练

1）测量探头选择方案

（1）适用能量范围：选择探头首先应该考虑探头适用能量范围，热电探测器可工作在毫焦到上千焦能量级，热释电探测器工作在微焦到几百毫焦量级，光电探测器可以工作在微焦以下。

（2）工作频率：热电探测器适用于单脉冲激光测量，热释电探测器适用于低频重复脉冲激光测量，光电探测器适用于各种频率脉冲激光测量。

（3）光谱响应：热电和热释电探测器通常具有宽光谱响应，并在一定的波长范围保持一致，光电探测器会因激光波长不同而具有不同响应灵敏度。

（4）激光损伤阈值：高功率连续激光和高峰值功率的短脉冲或重复频率的脉冲激光均会对探头造成损伤，激光功率/能量测量时需要同时考虑激光的峰值功率损伤阈值和激光能量损伤阈值，并且需对特定的测试进行激光功率密度或能量密度计算。

（5）光斑直径：激光光斑直径与激光探头口径应当尽量对应。

2）激光功率计/能量计外观与界面功能简介

（1）激光功率计前面板主要按键功能，如图 2-14 所示。

（2）激光功率计/能量计实时主界面菜单，如图 2-15 所示。

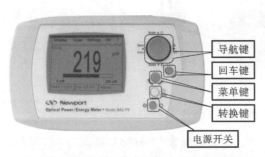

图 2-14　理波 842-PE 激光功率计前面板主要按键　　　图 2-15　激光功率计/能量计实时主界面菜单

（3）激光功率计/能量计脉冲能量等级预置下拉菜单，如图 2-16 所示。

（4）激光功率计/能量计参数设置下拉菜单，如图 2-17 所示。

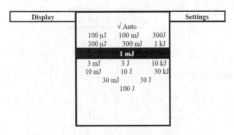

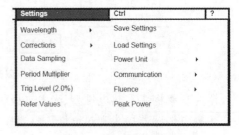

图 2-16　脉冲能量等级预置下拉菜单　　　　　　图 2-17　设置下拉菜单界面

3）激光能量测量技能训练基本步骤

（1）开启激光能量计，预热，进入主界面，选定测试激光对应的波长，预置激光最大能量。

（2）能量计探头对准激光出光口。

（3）选择激光设备重复频率，一般为 1 Hz，选择激光出光参数，测量激光单脉冲能量。

（4）记录单脉冲能量，计算给定脉宽下的激光峰值功率是否满足要求。

4）激光功率测量技能训练基本步骤

激光功率测量步骤与激光能量测量步骤基本一致。

（1）开启激光功率计，预热，进入主界面，选定测试激光对应的波长，预置激光最大功率。

（2）功率计探头对准激光出光口。

（3）选择激光设备连续出光方式和出光参数，测量平均功率。

（4）记录各参数，完成激光功率的测试。

2.1.4 激光光束焦距确定方法

1. 激光光束焦点离聚焦透镜的理论距离

在激光加工设备的光路系统中，激光光束焦点离聚焦透镜的距离理论上可以由下列公式确定，如图 2-18 所示。

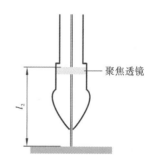

$$l_2 = f + (l_1 - f) \frac{f^2}{(l_1 - f)^2 + \left(\frac{\pi \omega_0^2}{\lambda}\right)^2}$$

式中：l_2 为激光光束焦点离聚焦透镜的距离，即激光光束焦距；f 为聚焦透镜的焦距；ω_0 为激光光束入射聚焦透镜前的束腰半径；l_1 为光束入射聚焦透镜前离聚焦透镜的距离；λ 为激光光束波长。

图 2-18　激光光束焦距示意图

在通常情况下，由于 $l_1 > f$，所以激光光束焦距和聚焦透镜的理论焦距在数值上很接近，即 $l_2 \approx f$。

2. 激光光束焦点位置的实际确认方法

在实际工作中，通过下列方法确定激光光束焦点的位置。

1）定位打点法

把一张硬纸板放在激光头下，用焦距尺调整激光头到硬纸板高度，按激光按键发出脉冲激光，通过比较激光头不同高度打出点的大小找出最小点，此时的高度即为激光光束焦距。

从图 2-19（b）可以看出，高度为 9 mm 时的激光斑点最小，焦距为 9 mm。

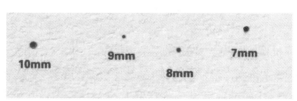

（a）　　　　　　　　　　　　（b）

图 2-19　定位打点法示意图

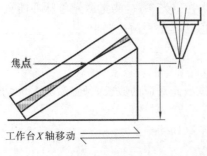

图 2-20　斜面焦点烧灼法示意图

2）斜面焦点烧灼法

将平直的木板斜放在工作台上,斜度为10°~20°。确定加工起始点后让工作台沿 X 轴(或 Y 轴)连续水平移动一段距离并让激光器连续输出激光,这时可以看到木板上有一条从宽变窄,然后又从窄变宽的激光光束的烧灼痕迹,痕迹最窄处即为焦点位置。测量在这个位置的木板距离镜片的距离就是实际的激光光束焦距,如图 2-20 所示。

2.1.5　激光光束焦深确定方法

光轴上某点的光强度降低至激光焦点处光强的一半时,该点至焦点的距离则为光束的聚焦深度。关系式为

$$z = \frac{\lambda f^2}{\pi w_1^2}$$

式中:λ 为激光波长;f 为聚焦透镜焦距;w_1 为光束入射到聚焦透镜表面上的光斑半径。

由上式可见:聚焦深度与激光波长 λ 和透镜焦距 f 的平方成正比,与入射到聚焦透镜表面上的光斑半径的平方成反比。例如,在深孔激光加工以及厚板的激光切割和焊接中,若要减少锥度,则需要较大的聚焦深度。

2.2　激光切割产品质量判断及测量方法

2.2.1　激光切割产品质量概述

1. 影响激光切割产品质量的因素

影响激光切割产品质量的因素非常多,如图 2-21 所示。

2. 评价激光切割产品质量标准

评价激光切割产品质量标准有《激光加工机械金属切割的性能规范与标准检查程序》(GB/Z 18462—2001),如图 2-22 所示。

3. 评价激光切割产品质量主要参数

评价激光切割产品质量主要有尺寸、粗糙度、形状误差、热变形、毛刺、材料沉积、凹陷、腐蚀等参数,这些参数可以分为产品尺寸误差、产品形状误差和产品其他误差三个大类,图 2-23 所示的垂直度和条纹是形状误差,材料沉积、毛刺、锈斑和侵蚀是其他误差。

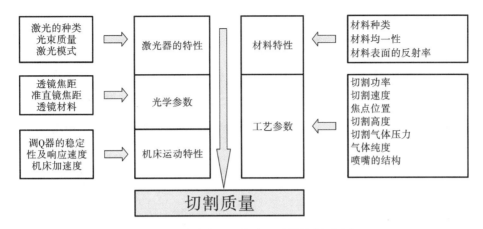

图 2-21　影响激光切割产品质量的主要因素

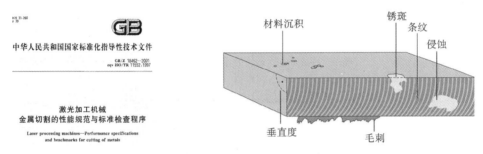

图 2-22　评价激光切割产品质量标准　　　图 2-23　激光切割产品质量参数示意图

2.2.2　产品尺寸误差

1. 尺寸精度

在一般材料的激光切割过程中,产品的尺寸精度主要取决于设备工作台的控制精度。

脉冲激光切割尺寸精度可达微米量级,连续激光切割尺寸精度通常在±0.2 mm,个别的达到±0.1 mm。

游标卡尺的外形和刻度正确读法如图 2-24、图 2-25 所示。

微米量级尺寸精度可以用千分尺测量,其外形和刻度正确读法如图 2-26、图 2-27 所示。

2. 切口宽度

激光切割金属材料时的切口宽度,与光束模式和聚焦后的光斑直径有很大的关系,CO_2激光光束聚焦后的光斑直径一般在 0.15～0.3 mm 之间。

激光切割低碳钢薄板时,焦点一般在工件表面,切口宽度与光斑直径大致相等。切割板材厚度增加,会形成上宽下窄的楔形切口,且上部的切口宽度大于光斑直径,如图 2-28 所示。

切口宽度对要求精密的内轮廓加工有重要影响。切口宽度的测量方法与尺寸精度的测量方法类似。

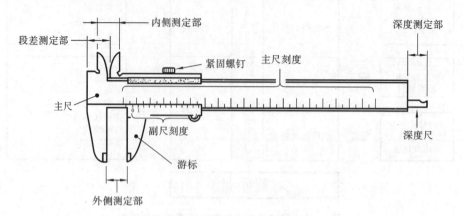

图 2-24 游标卡尺外形示意图

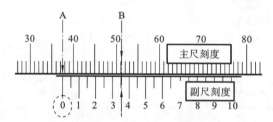

① 读取副尺刻度的0点在主尺刻度的数值
⇒ 主尺刻度 37~38 mm 之间 … A的位置＝37 mm

② 主尺刻度与副尺刻度成一条直线处，读副尺刻度
⇒ 副尺刻度 3~4 之间的线 … B的位置＝0.35 mm

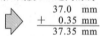

$$\begin{array}{r} 37.0 \text{ mm} \\ +\ 0.35 \text{ mm} \\ \hline 37.35 \text{ mm} \end{array}$$

图 2-25 游标卡尺刻度读法示意图

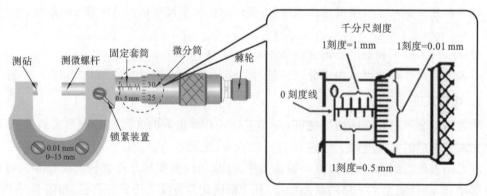

图 2-26 千分尺外形示意图

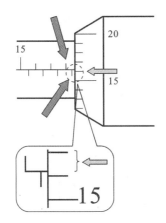

① 读取固定套管0基准线上的刻度
  ⇒ 18 mm
② 读取固定套管0基准线下0.5 mm单位的刻度
  ⇒ +0.5 mm
③ 读取0基准线下(或重叠)的微分筒的刻度
  ⇒ +0.16 mm
④ 读取固定套管0基准线与微分筒交叉部的估值
  ⇒ +0.002 mm

千分尺刻度为

	18	mm
	0.5	mm
	0.16	mm
+	0.002	mm
	18.662	mm

图 2-27　千分尺刻度读法示意图

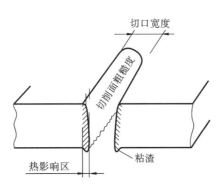

图 2-28　激光切割产品质量参数示意图

2.2.3　产品形状误差

1. 粗糙度 Rz

影响切割表面粗糙度的因素有光束模式、切割参数、工件材质和厚度等。

激光切割断面的条纹深浅可以用来大致判断粗糙度,条纹越浅,粗糙度越低。注意,条纹在切割边缘是弯曲的,粗糙度的定量分析需要专用仪器来测量和计算。

粗糙度不仅影响边缘的外观,还影响摩擦特性,大多数情况下,需要尽量降低粗糙度。对于较厚板料,沿厚度方向切割面的粗糙度差异较大。

激光功率密度 P_0（W·cm^{-2}）提高,切割断面粗糙度降低,当功率密度 P_0 达到某一值后,粗糙度 Rz 值不再减少,如图 2-29 所示。

2. 垂直度

激光切割厚度 5 mm 以下的材料时,其断面垂直

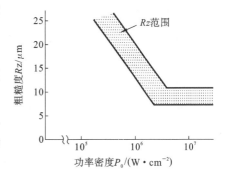

图 2-29　激光功率密度 P_0 与
切割面粗糙度关系

度不是主要评估因素,当材料厚度超过 10 mm 后,切割边缘的垂直度非常重要,边缘越垂直,切割质量越高。

3. 整体热变形

如果在切割过程中工件加热不均匀,就会使得材料发生整体热变形,工件加工前半部分的加工精度会影响后半部分的加工精度,如图 2-30 所示。

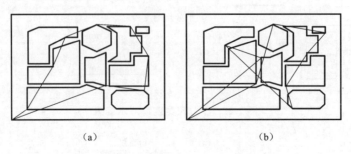

（a）　　　　　　　　　　　　　　　　（b）

图 2-30　整体热变形效应对切割路径的影响

图 2-30(a)所示的是没有考虑工件整体热变形效应对切割路径的影响,虽然切割路径较短,但是不能获得较好的加工质量;而图 2-30(b)所示的是考虑了整体热变形效应对切割路径的影响,保证了良好的加工质量。

控制激光功率以及使用短激光脉冲也可以减少部件整体热变形。

2.2.4　产品其他误差

1. 毛刺

毛刺是激光切割质量重要的影响因素,毛刺形式可以用肉眼观察判定。

2. 材料沉积

在开始熔化穿孔前,激光切割机会先在工件表面碰上一层含油的特殊液体。切割过程中,由于气化且各种材料不同,用风吹除切口,但不管是向上还是向下排出,都会在表面形成沉积。

3. 凹陷和腐蚀

切割过程中产生的凹陷和腐蚀,对切割边缘表面有不利影响,影响外观。

4. 热影响区域

激光切割中沿着切口附近的区域被加热,同时金属内部的微观结构也发生变化。例如,一些金属会发生相变硬化,热影响区域指的是内部结构发生相变的区域。

3

激光切割图形处理知识与技能训练

3.1 激光切割图形处理知识

1. 激光切割图形处理过程

（1）大部分激光切割软件可以直接处理简单的图形和文字，如图 3-1 所示。

（2）有几何尺寸要求、比较复杂的工程类图形建议在 AutoCAD 软件中处理。

（3）不规则复杂文字和图形，尤其是动物图标和艺术字建议在 CorelDraw 软件中处理。

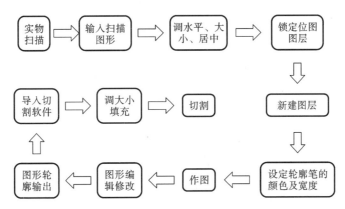

图 3-1 激光切割图形处理基本流程

2. 矢量图知识

1）矢量图定义

矢量图是以数学矢量方式来记录图像线条和色块，如图 3-2(a)所示。

2）特点

（1）文件所占内存容量较小。

（2）进行放大、缩小或旋转等操作时不会失真，与分辨率无关，如图 3-3(a)所示。

（a）矢量图　　　　　　　　　　　　（b）位图

图 3-2　矢量图与位图示意图

（3）图像色调简单、色彩变化不多，绘制图形不是很逼真，用来表示标识、图标、LOGO 等简单直接的图像。

（4）不容易在不同软件间交换文件，矢量图无法由扫描直接获得，需要依靠绘图软件。

3）主要类型

矢量图形格式很多，主要有 Adobe Illustrator 的 . AI、. EPS 和 . SVG，AutoCAD 的 . dwg 和 . dxf，Corel DRAW 的 . PLT 和 . cdr 等。

3. 位图知识

1）位图定义

位图是由像素点组成的图像，也称为点阵图像，如图 3-2(b)所示。

2）特点

（1）文件所占内存容量较大。

（2）进行放大、缩小或旋转等操作时会失真，与分辨率有关，如图 3-3(b)所示。

（3）图像色调丰富、色彩变化多，绘制图形逼真。

（4）容易在不同软件间交换文件，可直接扫描获得。

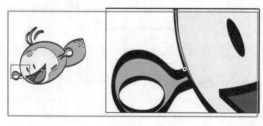

（a）矢量图放大　　　　　　　　　　　（b）位图放大

图 3-3　矢量图与位图放大效果示意图

3）主要类型

位图的文件类型很多，主要有 . bmp、. pcx、. gif、. jpg、. tif，photoshop 的 . psd 等。

3.2 激光切割图形处理软件知识

3.2.1 CorelDRAW 12 界面介绍与基本命令

1. CorelDRAW 12 概述

CorelDRAW 12 是 Corel 公司出品的矢量图形制作工具软件。

1）启动 CorelDRAW 12

CorelDRAW 12 软件汉化后，可以在【开始】菜单中执行【程序】中【CorelDRAW Graphics Suite 12】下的【CorelDRAW 12】程序来启动它，如图 3-4 所示。

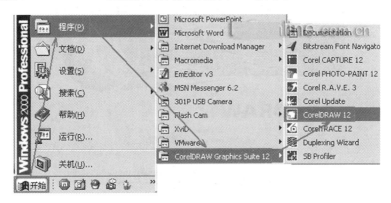

图 3-4　启动 CorelDRAW 12

2）界面窗口

在第一次运行 CorelDRAW 12 时，系统会开启欢迎界面窗口，如图 3-5 所示。

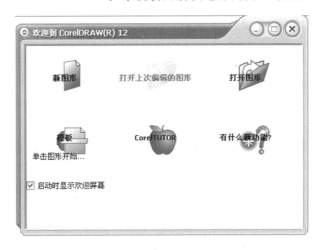

图 3-5　CorelDRAW 12 界面窗口

CorelDRAW 12 欢迎界面窗口提供了六个选项。

(1) 新图形:单击此项可以创建一个新图形。

(2) 打开上次编辑的图形:单击此项,可以打开上次编辑过的文件。图标上方显示上次编辑图形文件的名称。

(3) 打开图形:单击此项打开已经存在的图形文件。

(4) 模版:单击此项可以打开 CorelDRAW 12 的绘图模版。

(5) CorelTUTOR(Corel 教程):单击此项可以启动教程,但是其中的内容全部是英文的。

(6) 有什么新功能:介绍了 CorelDRAW 12 的新功能。

在第一次操作 CorelDRAW 12 后,如果不希望以后再出现欢迎界面,可以将左下角【启动时显示欢迎屏幕】前面的【√】去掉。

启动 CorelDRAW 12 时会显示初始界面及版权信息,如图 3-6 所示。

图 3-6 CorelDRAW 12 时初始界面及版权信息

2. CorelDRAW 12 工作界面

打开 CorelDRAW 12 后,在欢迎窗口中选择【新图形】图标,可以看到如图 3-7 所示的操作界面,切割加工大部分绘图工作都是在这里完成,必须熟练使用它。

(1) 菜单栏:CorelDRAW 12 的主要功能都可以通过执行菜单栏中的命令选项来完成,执行菜单命令是最基本的操作方式。

CorelDRAW 12 的菜单栏包括文件、编辑、查看、版面、排列、效果、位图、文本、工具、窗口和帮助这 11 个功能各异的菜单,如图 3-8 所示。

(2) 常用工具栏:在常用工具栏上放置了最常用的一些功能选项并以命令按钮的形式体现出来,这些功能选项大多数都是从菜单中挑选出来的,如图 3-9 所示。

(3) 属性栏:属性栏能提供在操作中选择对象和使用工具时的相关属性,通过对属性栏中的相关属性的设置,可以控制对象产生相应的变化,如图 3-10 所示。

当没有选中任何对象时,系统默认的属性栏中提供的是文档的一些版面布局信息。

(4) 工具箱:系统默认时位于工作区的左边。工具箱中放置了经常使用的编辑工具,并将功能近似的工具以展开的方式归类组合在一起,使操作更加灵活方便,如图 3-11 所示。

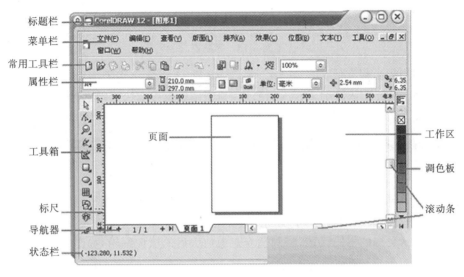

图 3-7　CorelDRAW 12 工作界面

图 3-8　菜单栏

图 3-9　常用工具栏

图 3-10　属性栏

图 3-11　工具箱

（5）状态栏：在状态栏中将显示当前工作状态的相关信息，如被选中对象的简要属性、工具使用状态提示及鼠标坐标位置等信息，如图 3-12 所示。

宽：136.025 高：101.285 中心：(113.318, 203.057) 毫米　　　矩形 在 图层 1
(309.038, 80.977)　双击工具创建面页框；Ctrl+拖动强制为正方形；Shift+拖动从中心绘制

图 3-12　状态栏

（6）导航器：在导航器中间显示的是文件当前活动页面的页码和总页码，可以通过单击页面标签或箭头来选择需要的页面，适用于进行多文档操作时，如图 3-13 所示。

（7）工作区：工作区又称为桌面，是指绘图页面以外的区域。

在绘图过程中可以将绘图页面中的对象拖到工作区存放，类似于一个剪贴板，它可以存

图 3-13　导航器

放多个图形,使用起来很方便。

(8) 调色板:系统默认位于工作区的右边,利用调色板可以快速地选择轮廓色和填充色,如图 3-14 所示。

图 3-14　调色板

(9) 视图导航器:这是 CorelDRAW 10 以上版本新增加的一个界面功能,通过单击工作区右下角的视图导航器图标启动该功能后,用户可以在弹出的含有所需文档的迷你窗口中随意移动,以显示文档的不同区域,特别适合对象放大后的图像编辑,如图 3-15 所示。

3. CorelDRAW 12 基础操作方法

1) 定制自己的操作界面

在 CorelDRAW 12 中只需按下 Alt(移动)键或是 Ctrl＋Alt(复制)不放,将菜单中的项目、命令拖放到属性栏或另外的菜单中的相应位置,就可以选择工具条中的工具位置及数量,图 3-16 所示的是将工具箱中【缩放工具】的放大和缩小工具移动到常用工具栏中。

在 CorelDRAW 12 中,用户还可以通过在【工具】菜单中的【自定义】对话框中进行相关设置来进一步自定义菜单、工具箱、工具栏及状态栏等界面,如图 3-17 所示。

图 3-15　视图导航器

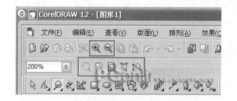

图 3-16　定制自己的操作界面

图 3-17　自定义菜单

2) 文件的导入

(1) 图形的导入:单击菜单栏【文件】中的【导入】(Ctrl＋I),或单击 导入图标即可。

(2) 导入时【裁剪】位图:许多时候绘制图形只需要导入位图一部分,用户可以将需要的部分剪切下来再导入。

① 在【导入】对话框的列选栏中选择【裁剪】选项,如图 3-18 所示。

② 单击【导入】按钮,弹出【裁剪图像】对话框,如图 3-19 所示。

● 在对话框预览窗口通过拖动修剪选取框中的控制点来直观地控制对象的范围。包含在选取框中的图形区域将被保留,其余的部分将裁剪掉。

● 精确修剪可以在【选择要裁剪的区域】选项框中设置距离【上】的【宽度】、距离【左】的【高度】增量框中的数值。

● 默认【选择要裁剪的区域】选项框选项以【像素】为单位,用户可以在【单位】列选框中选择其他计量单位。

● 若对修剪区域不满意,则可以单击【全选】按钮,重新设置修剪选项值。在对话框下面的【新图像大小】栏中显示了修剪后新图像的文件尺寸大小。

图 3-18 导入时【裁剪】位图步骤 1　　　　图 3-19 导入时【裁剪】位图步骤 2

设置完成后,单击【确定】按钮,这时在鼠标右下方显示图片相应信息。在绘图页面中拖动鼠标,即可将导入的图像按鼠标拖出的尺寸导入绘图页面,如图 3-20 所示。

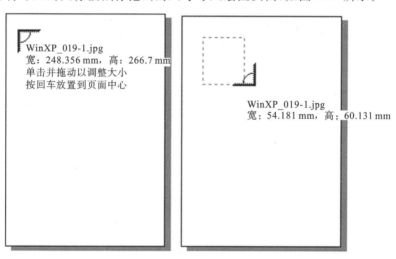

图 3-20 图像导入绘图页面

(3) 导入时【重新取样】位图:导入时【重新取样】位图,可以更改对象的尺寸大小、解析度以及消除缩放对象后产生的锯齿现象,从而控制对象文件大小和显示质量,具体操作步骤如下。

① 在【导入】对话框的列选栏中选择【重新取样】。

② 单击【重新取样】按钮,弹出【重新取样图样】对话框。

③ 在【重新取样图样】对话框中设置【宽度】和【高度】的分辨率,如图 3-21 所示。

3) 文件的导出

(1) 图形的导出:单击菜单栏【文件】中的【导出】(Ctrl+E)或单击导出图标,如图 3-22 所示。

图 3-21 【重新取样图像】对话框

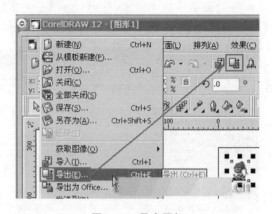

图 3-22 导出图标

（2）导出设置：导出时选择【文件类型】如 BMP 文件类型、【排序类型】如最近用过的文件，单击【导出】按钮，在【转换为位图】对话框中设置，完成后单击【确定】按钮，即可在指定的文件夹中生成导出文件，如图 3-23 所示。

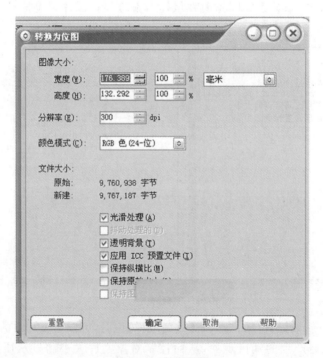

图 3-23 导出设置

4）显示模式

CorelDRAW 12 提供了多种图像显示方式，用于查看编辑效果。

在【查看】菜单中可以选择的显示模式有【简单线框】、【线框】、【草稿】、【正常】和【增强】，如图 3-24 所示。

激光切割时常用【简单线框】或【线框】模式，【简单线框】模式视图效果如图 3-25 所示。

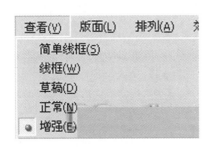

图 3-24 显示模式　　　　　　　　图 3-25 【简单线框】显示模式

5）版面设置

（1）页面类型：【新建】文件后页面大小默认为 A4，在【属性栏】可以设置页面大小及方向，如图 3-26 所示。

图 3-26 设置页面类型

（2）插入和删除页面。

① 插入方法一：执行【版面】下的【插入页】命令，在【插入】后面输入数值或利用上下按钮进行数值输入，如图 3-27 所示。

② 插入方法二：在导航器上利用两个＋号进行插页，如图 3-28 所示。

③ 插入方法三：利用导航器右键菜单，单击 ◄ 按钮切换到第 1 页，单击 ► 按钮切换到最后一页。

④ 删除页面：使用【版面】中的【删除页面】选项，在弹出的【删除页面】对话框中输入要删除的页面序号，也可以直接在页面标签上单击右键选择【删除页面】。

图 3-27 插入和删除页面

勾选【通到页面】复选项后，可删除从【删除页面】中设置的页号到【通到页面】页号之间的所有页面，如图 3-29 所示。

图 3-28 导航器上利用两个＋号插页

图 3-29 删除页面

6）辅助设置

（1）在【查看】菜单里可以显示/隐藏【标尺】、【网格】、【辅助线】等辅助选项，如图 3-30

所示。

(2) 单击【工具】中的【选项】命令,在弹出的【选项】对话框中的【文档】对辅助选项进行设置,如图 3-31 所示。

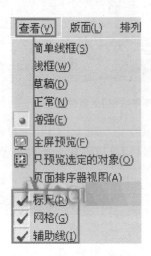 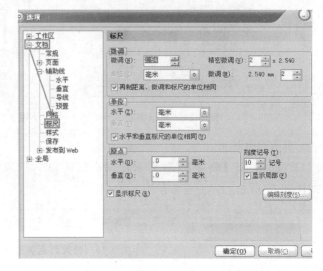

图3-30 【查看】菜单里辅助选项　　　　图 3-31 【选项】对话框中的辅助选项

辅助选项功能示意图如图 3-32 所示。

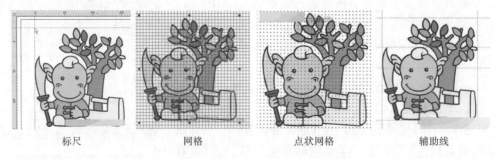

标尺　　　　　　网格　　　　　点状网格　　　　　辅助线

图 3-32 辅助选项功能效果示意图

3.2.2 CorelDRAW 软件激光切割图形处理基本方法案例

1. 位图转矢量图方法

在激光切割中,客户给出的往往是位图,用户要将位图转化为矢量图。

下面用一个完整的案例来说明在 CorelDRAW 中位图转矢量图的方法,如图 3-33～图 3-41所示。其他软件也有类似功能。

2. 图形处理时 CorelDRAW 软件描图基本方法

在激光切割中,客户给出的即使是矢量图往往也是不适合直接加工的,还要综合绘图和描图的方法进行图形处理。

用软件绘图涉及完整的软件应用知识,限于篇幅本书不做详细介绍,仅简要介绍使用

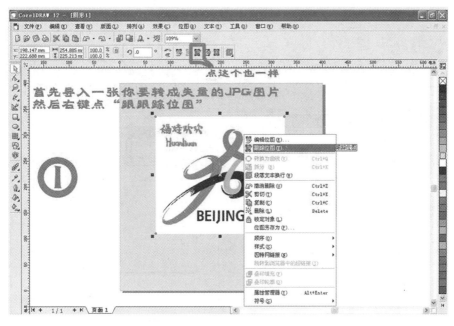

图 3-33 位图转矢量图步骤 1

图 3-34 位图转矢量图步骤 2

CorelDRAW 中的贝赛尔曲线命令进行轮廓描绘的案例来说明激光切割描图基本方法。

1) 贝赛尔曲线基本命令

(1) CorelDRAW 软件中的【贝赛尔工具】，在 PhotoShop 中称为【钢笔工具】，在 Fireworks 中称为【画笔】，名称虽然不同但作用一致，如图 3-42 所示。

(2) 绘制连续线段：贝塞尔工具可以连续地绘制多段线段，如图 3-43 所示。

图 3-35　位图转矢量图步骤 3

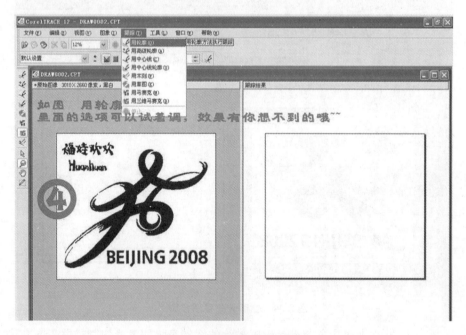

图 3-36　位图转矢量图步骤 4

　　先在某个位置单击鼠标以指定起始点，然后将鼠标移向圈 1 处单击指定第一个线段的终止点，继续将鼠标移向圈 2 处单击，完成第二线段的绘制，以此类推，鼠标不断地在新的位置单击，就不断地产生新的线段。

图 3-37 位图转矢量图步骤 5

图 3-38 位图转矢量图步骤 6

（3）绘制封闭对象：贝塞尔工具绘制封闭对象如图 3-44 所示。

在圈 1 处单击鼠标指定起始点，移动鼠标在圈 2、圈 3、圈 4、圈 5 处单击，最后移向圈 1 处，在起始点上单击鼠标完成闭合操作，完成封闭多边形绘制。

图 3-39　位图转矢量图步骤 7

图 3-40　位图转矢量图步骤 8

2）认识贝塞尔曲线

（1）贝塞尔曲线组成：贝塞尔曲线是由节点连接而成的线段组成的直线或曲线，每个节点都有控制点，允许修改线条的形状，在曲线段上每个选中的节点显示一条或两条方向线，方向线以方向点结束。

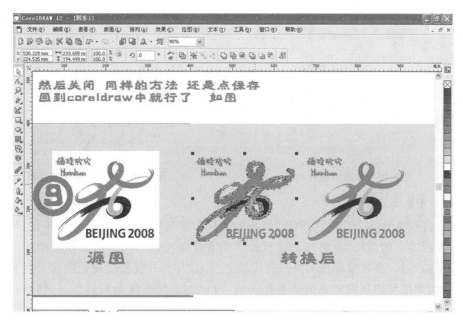

图 3-41 位图转矢量图步骤 9

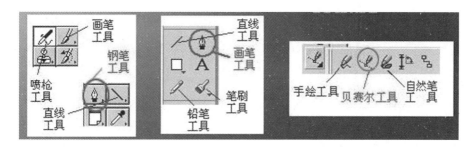

图 3-42 【贝赛尔工具】在不同软件中的名称

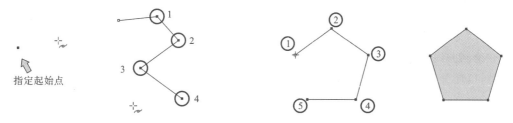

图 3-43 贝塞尔工具连续绘制线段   图 3-44 贝塞尔工具绘制封闭对象

方向线和方向点的位置决定曲线段的大小和形状,如图 3-45 所示。

(2)贝塞尔曲线种类:贝塞尔曲线包括对称曲线和尖突曲线两类。

对称曲线由名为对称点的节点连接,在对称点上移动控制线时同时调整对称节点两侧的曲线,如图 3-46 所示。

尖突曲线由角点连接,在角点移动控制线只调整与方向线同侧曲线,如图 3-47 所示。

贝塞尔曲线可以是闭合的,如圆,也可以是开放的,有明显的终点,如波浪线。

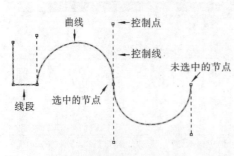

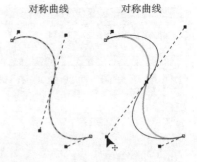

图 3-45 贝塞尔曲线组成   图 3-46 对称曲线及其绘制

3）用贝塞尔曲线绘图

（1）绘制单线图：从工具箱中调用【贝赛尔工具】，在起始点按下鼠标左键不放，将鼠标拖向下一曲线段节点的方向，此时在起始点处会出现控制线，松开鼠标，在需要添加节点处按下鼠标并保持不放，再将鼠标拖向下一曲线段节点的方向，并观察出现的曲线是否和理想中的曲线一致，如果与理想中的曲线弧度不一致，可以在不松开鼠标的状态下，移动鼠标使其适合所需要的弧度，如图 3-48 所示。

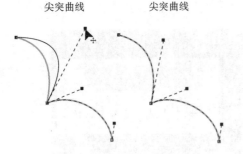

（a）指定起始点，按住鼠标
拖向下一曲线段方向

（b）指定延续节点，并
按住鼠标拖向更下
一曲线段的方向

图 3-47 尖突曲线及其绘制   图 3-48 贝塞尔曲线绘单一线段

（2）绘制多线图：如果曲线由多个曲线段组成，可以接续上一步操作，在新的节点位置按下鼠标并将鼠标拖向下一节点的方向；如果节点绘制是直线段，可以双击最后的曲线段节点，便可以开始新的线段或曲线段绘制。

在绘制曲线的过程中，双击最后一个节点可以改变下一节点的伸展属性，使其和起始点相一致，以便开始新的线段的绘制，如图 3-49 圈中所示。

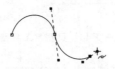

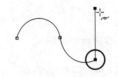

（a）只要还有新的曲线段要
绘制，鼠标就应该拖向
下一节点的方向

（b）如果节点的下一步绘制的是直线段，
可以双击最后的曲线段节点，便可以
开始新的线段或曲线段绘制

图 3-49 贝塞尔曲线绘连续线段

(3) 与其他工具连用:在使用【贝赛尔工具】过程中,可以配合使用【缩放工具】中的【放大】(快捷键为 F2)、【缩小】(快捷键为 F3)和【形状工具】(快捷键为 F10)等工具加快绘图的准确性和速度。

在图 3-50 中,为使所作曲线与原对象更嵌合,按 F2 键将图像的右手柄部进行了放大。

图 3-50　与缩放工具连用示意图

4) 修饰贝塞尔曲线

在实际工作中经常需要对【贝赛尔工具】绘制的曲线进行调节和修饰,这个工作主要由【形状工具】(快捷键为 F10)完成,下面介绍一些基本操作。

(1) 直线转曲线:要将直线线段改变为曲线,可以用【形状工具】(快捷键为 F10)在要转换为曲线的直线段上单击,然后单击属性工具栏中的【转换直线为曲线】按钮,直线段即被转换为曲线,并出现控制线,如图 3-51(a)所示,其他常用转换如图 3-51(b)、(c)所示。

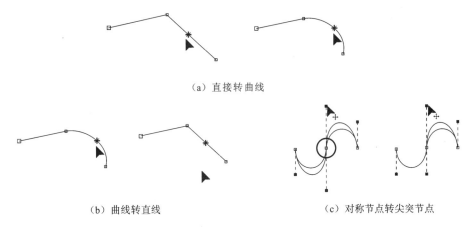

(a) 直接转曲线

(b) 曲线转直线　　　　　　　　(c) 对称节点转尖突节点

图 3-51　曲线特性修改示意图

(2) 闭合曲线:使用【贝赛尔工具】绘制曲线时,如果终点与起点不形成封闭的路径就无法对该对象进行色彩填充,实际加工时就只能切割轮廓,无法完成表面激光雕刻过程。

要闭合一个曲线对象时可以将鼠标移向起始点,此时鼠标会变成图示符号,表示可以进行曲线闭合,或单击【属性】工具栏中的【自动闭合曲线】按钮,使曲线成为封闭的路径,如图 3-52 所示。

3. 切割图形处理注意问题

1) 描图前准备工作

将位图调水平→锁定底图→新建图层→设定颜色和线宽。

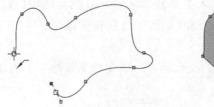

图 3-52 闭合曲线示意图

2）确认图标中图形处理方式

（1）能绘制图形的尽量不描：由规则几何图形组成的轮廓，可使用图库的基本图形进行修剪、组合和连接等工作。

（2）轮廓应和原图尽量一致，描图时放大比例要合适。

（3）图形要封闭才能填充，注意先组合再填充。

3）确认图标中文字处理方法

（1）将字体库尽量装全；输入文字时，能找到现成字体的尽量不要描。

（2）简单文字可以在激光打标软件中直接处理，特别是简单、常用的字体。

（3）较多及编排较复杂的文字在绘图软件 CorelDRAW 中进行文字的编辑处理。

（4）在绘图软件 CorelDRAW 中，复杂且专门设计的文字当图形进行描图处理，如公司商标中经过处理的艺术字或设计的文字。

4）CorelDRAW 描图注意事项

（1）做好准备工作。

（2）注意图形是否封闭，是否无法填充。

（3）节点数量在保证轮廓一致的前提下尽量少。

（4）注意图形的组合。

（5）文字的打散和转换成曲线。

4. 切割图形处理案例分析

图 3-53 所示的是某公司待切割加工产品的图标，做以下简要分析。

图 3-53 切割图形处理案例

1）图形处理方案分析

该图标可以分为三个大的部分，第 1 部分是一个单位的 LOGO，这一部分必须采用绘图、描图的办法形成图案。第 2 部分是单位的英文字母缩写，搜索字库可以发现与

Eras Bold ITC 比较相像,但字体宽度要按比例伸长,可以按这个思路比较快捷地处理字体。第 3 部分是单位的中文字母,搜索字库可以发现是普通黑体,这样就可以直接选用黑体字库。

2)图形处理过程

(略)

3.2.3　AutoCAD 2008 界面介绍与基本命令

AutoCAD 软件广泛用于工程绘图领域,在有精度要求的激光切割中也常常使用。

1. AutoCAD 2008 界面介绍

AutoCAD 2008 界面有标题栏、菜单栏、工具栏、绘图和修改工具栏、坐标系、布局标签、命令窗口等,如图 3-54 所示。

图 3-54　AutoCAD 2008 界面

2. 标题栏

标题栏位于应用程序窗口的最上面,用于显示当前正在运行的程序名 AutoCAD 2008 及文件名。单击标题栏右端的按钮,可以最小化、最大化和关闭程序窗口。

3. 菜单栏

AutoCAD 2008 的菜单栏由【文件】、【编辑】、【视图】等菜单项组成。单击主菜单项,可弹出相应的子菜单(又称下拉菜单),如图 3-55 所示。

4. 工具栏

AutoCAD 2008 工具栏几乎包括了 AutoCAD 中所有的命令。

初始界面上有四条工具栏,依次是【标准】、【绘图】、【修改】和【绘图次序】工具栏。此外

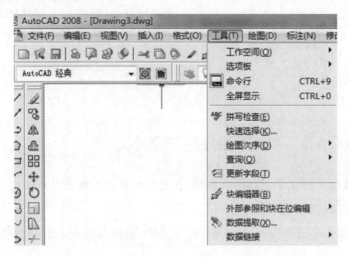

图 3-55　菜单栏

还有【样式】、【工作空间】、【图层】、【特性系统】等 30 多个工具栏。

界面上没有的工具栏,可以通过以下两种方法加以调用。

(1)选择【视图】→【工具栏】选项,弹出【自定义用户界面】对话框,单击【工具栏】文件夹、打开所有工具栏进行选取。

(2)在任意工具栏内单击右键,打开快捷菜单进行勾选。

5. 绘图区

绘图区是用户绘图的工作区域,如图 3-56 所示。

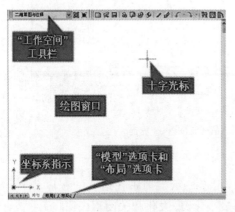
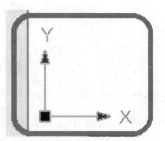

图 3-56　绘图区域

除图形外,在绘图窗口还显示了当前使用的坐标系图标,它反映了当前坐标系的原点和 X、Y、Z 轴正向,其中 X 轴是水平方向,负数为左、正数为右;Y 轴是垂直方向,负数为下、正数为上;Z 轴垂直于 XY 平面方向。

在绘图区下方,单击【模型】或【布局】选项卡,可以在模型空间或图纸空间之间切换。

通常情况下,用户总是先在模型空间中绘制图形,绘图结束后再转至图纸空间,以便安排图纸输出布局并输出图形。

6. 命令行与文本窗口

命令行是供用户通过键盘输入命令及参数的地方,它位于图形窗口的下方,可通过鼠标拖动上边界线来放大或缩小它,如图 3-57 所示。

文本窗口是记录曾经执行的 AutoCAD 命令的窗口,它是放大的命令行窗口,可通过【F2】键打开。

图 3-57　命令行

7. 状态栏

状态栏位于用户界面的最下面,主要用于显示当前光标的位置,并包含了一组捕捉、栅格、正交、极轴、对象捕捉、对象追踪等开关,如图 3-58 所示。

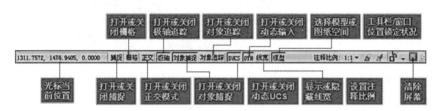

图 3-58　状态栏

3.2.4　SolidWorks 界面介绍与基本命令

1. 菜单区

菜单区是所有命令集合处,单击箭头三角号会出现下拉菜单,可以通过【图钉】固定,如图 3-59 所示。

2. 搜索助理

输入关键字或关键词,可在 SolidWorks 和 SolidWorks Explorer 的搜索助理中,对所有文件进行查找,如图 3-60 所示。

3. 快速工具栏区

快速工具栏区用来显示常用的工作模块和工作命令,有效减少用户调用一般常用工具栏的数量,目的是尽可能地增大绘图区域,如图 3-61 所示。

4. 工具栏区

工具栏一般可放置在三个区域,如图 3-62 所示的上工具栏、左工具栏、右工具栏。

5. 立即视图工具栏区

所有与视图相关的工具都在立即视图工具栏区中,用以增加操作的便利性,如图 3-63 所示。

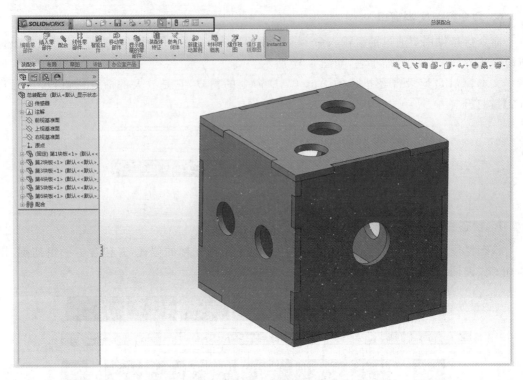

图 3-59 菜单区

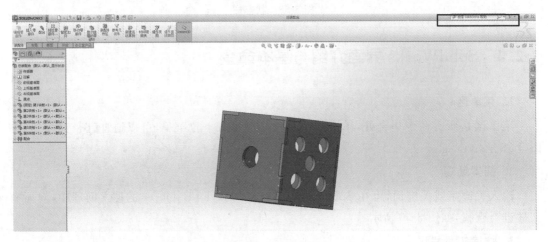

图 3-60 搜索助理

6. 管理器区

管理器区是特征管理器、属性管理器、配置管理器等共同显示区,通过切换查看,如图3-64所示。

特征管理器下是特征树,将所用到的特征进行顺序记录,便于编辑和修改。有了特征之后,就可在属性管理器和配置管理器中做进一步的管理或处理。

【退回控制棒】是在之前的某一特征下添加特征,可拉上去也可拉下来。

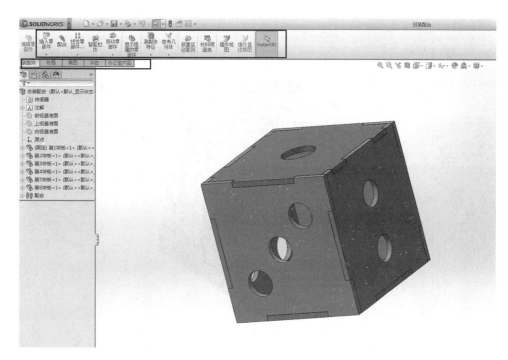

图 3-61　快速工具栏区

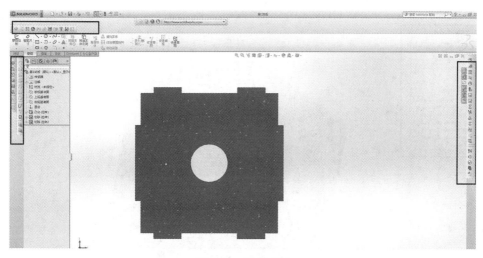

图 3-62　工具栏区

7. 任务面板区

任务面板区的【设计库】用于创建零部件库,添加已有零部件库;【自定义属性】用来定义和编辑当前零部件的属性,如图 3-65 所示。

8. 局部选项卡区

局部选项卡区用于不同模块之间界面的操作,【状态区】显示目前操作的提示语及所处的工作模式,如图 3-66 所示。

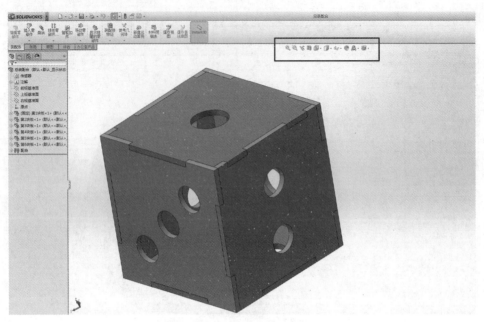

图 3-63　立即视图工具栏区

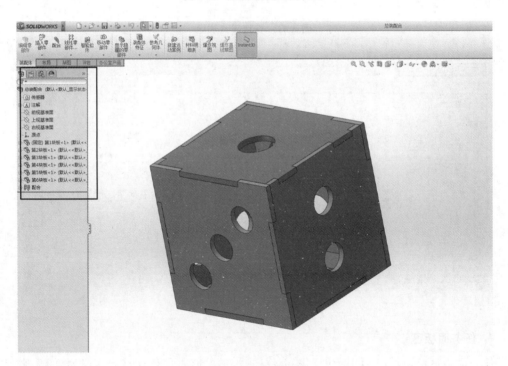

图 3-64　管理器区

9. SolidWorks 绘图基本操作

（1）新建文件有【零件】、【装配体】和【工程图】三种类型。

（2）保存文件的格式有【零件.prt】和【装配体.asm】两种类型。

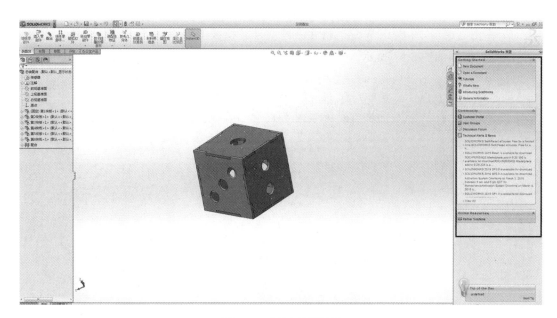

图 3-65　【任务面板区】

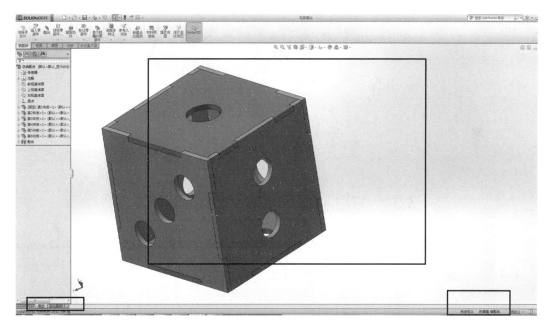

图 3-66　部局选项卡区和状态区

（3）调整视图到标准正视图使用【正视于】或【Ctrl＋8】命令，移动视图按下【Ctrl＋鼠标中轮】左右移动。

（4）工具：常用草图工具有【矩形】、【直线】、【多边形】、【圆弧】、【文字】、【倒角】等，常用草图编辑工具有【显示/隐藏项目】、【智能尺寸标注】、【镜像】、【阵列】、【修剪】等。

（5）拉伸、切除造型操作流程：单击选项卡中的【拉伸切除】按钮，在弹出的【拉伸】面板中选择草图基准平面,绘制草图图形,单击【确定】按钮。

(6) 作图结束后,将 SolidWorks 格式三维文件转换成 DXF 格式文件后,再导入到切割软件中进行加工,如图 3-67 所示。

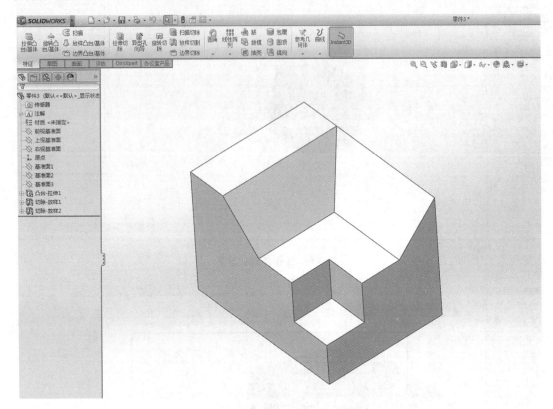

图 3-67　完成的 SolidWorks 文件

3.3　切割图形处理技能训练

3.3.1　CorelDRAW 12 切割图形处理技能训练

1. 图形信息搜集

(1) 步骤:搜集位图图案,将三维空间位图展开,转换成二维平面图,用 CorelDRAW 12 不同命令转换成矢量图,导入激光切割软件,为激光切割加工做准备。

(2) 图案素材信息搜集:选择位图图案,如图 3-68(a)所示。

(3) 切割图形处理:用 CorelDRAW 12 将位图格式素材转换成 PLT 格式的矢量图,如图 3-68(b)所示。再定位各表面切割图案和轮廓,如图 3-69(a)、(b)所示。

(4) 在 SmartCarve 4.3 软件中,单击【导入】,格式选择为【PLT 文件导入】,分辨率选择

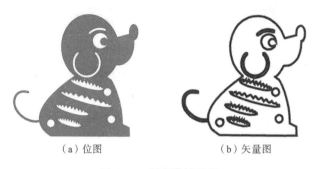

（a）位图　　　　　　　　（b）矢量图

图 3-68　图案素材处理

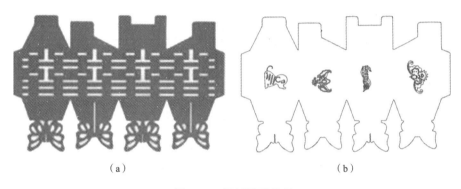

（a）　　　　　　　　　　　　（b）

图 3-69　切割图形处理

【1016dpi】，如图 3-70 所示。

　　【页面】选项中，绘图仪单位默认为 1016，该值越大，则导出的图形精度越高。

　　（5）在 SmartCarve 4.3 软件中，单击【导出】，弹出如图 3-71 所示的界面。第一步在【页面】选项中选取【绘图仪单位】为 1016。第二步在【高级】选项中设置【曲线分辨率】，如图 3-72 所示，曲线分辨率越小，曲线的精度越高，一般设置为 0.1 mm，其他参数默认。

图 3-70　切割图形导入

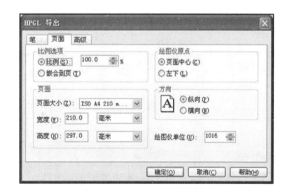

图 3-71　页面选项参数选取

2. 制订 CorelDRAW 12 切割图形处理工作计划

制订 CorelDRAW 12 切割图形处理工作计划，填写表 3-1。

图 3-72　高级选项参数选取

表 3-1　CorelDRAW 12 切割图形处理工作计划表

序号	工 作 流 程	主 要 工 作 内 容	
1	任务准备	素材准备	
		设备准备	
		软件准备	
		资料准备	
2	制订切割图形处理工作计划	1	
		2	
		3	
		4	
3	注意事项		

3. CorelDRAW 12 切割图形处理实战技能训练

（1）完成 CorelDRAW 12 切割图形处理过程，填写工作记录表 3-2。

表 3-2　CorelDRAW 12 切割图形处理工作记录表

绘图步骤	工 作 内 容	工作记录
展开图矢量图转换	将位图导入 CorelDRAW 12 中	
	将位图转换成矢量图	
	调整大小、删除填充	
	保存图案	
窗花图案矢量图转换	将位图导入 CorelDRAW 12 中	
	将位图转换成矢量图	
	调整大小、删除填充	
	保存图案	
礼品盒图案合并	将展开图和窗花图案合并保存	

（2）进行 CorelDRAW 12 切割图形处理训练过程评估，填写表 3-3。

表 3-3 CorelDRAW 12 切割图形处理过程评估表

工作环节	主 要 内 容	配分	得分
图形处理 20分	图形格式正确	5	
	图形尺寸准确	5	
	图形精度正确	10	
软件熟练程度 40分	常用命令操作熟练	10	
	异常情况自己能独立解决	10	
	一次操作成功无误	10	
	目标明确、清晰、积极性高	10	
技能评估 30分	在规定时间内完成展开图处理任务	10	
	在规定时间内完成窗花图案处理任务	10	
	在规定时间内完成礼品盒图案合并任务	10	
现场规范 10分	人员安全规范	5	
	设备场地安全规范	5	
合计		100	

(1) 注重安全意识,严守设备操作规程,不发生各类安全事故。

(2) 注重成本意识,保证设备完好无损,尽可能节约训练耗材。

3.3.2 AutoCAD 2008 切割图形处理技能训练

1. 素材信息搜集

(1) 步骤:搜集中国象棋棋盘构成信息,用 AutoCAD 2008 的不同命令画出设计图,附上文字和其他图案,导入激光切割软件,为激光切割加工做准备。

(2) 象棋棋盘信息搜集:中国象棋棋盘如图 3-73 所示,用 AutoCAD 2008 软件绘制棋盘图形,保存为 DXF 2004 格式,棋盘为 A3 尺寸大小。

(3) 切割图形处理:用 AutoCAD 2008 软件的不同命令画出设计图。

(4) 将图 3-73 导入 SmartCarve 4.3 加工软件中,设置分辨率参数并选择【导出】,具体过程与第 3.3.1 节的图形导入/导出过程类似,这里不再赘述。

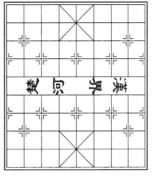

图 3-73 中国象棋棋盘示意图

2. 制订 AutoCAD 2008 切割图形处理工作计划

制订 AutoCAD 2008 切割图形处理工作计划,填写表 3-4。

3. AutoCAD 2008 切割图形处理实战技能训练

(1) 完成 AutoCAD 2008 切割图形处理过程,填写工作记录表 3-5。

表 3-4 AutoCAD 2008 **切割图形处理工作计划表**

序号	工 作 流 程	主 要 工 作 内 容	
1	任务准备	素材准备	
		设备准备	
		软件准备	
		资料准备	
2	制订 AutoCAD 2008 切割图形处理工作计划	1	
		2	
		3	
		4	
3	注意事项		

表 3-5 AutoCAD 2008 **切割图形处理工作记录表**

绘图步骤	工 作 内 容	工作记录
棋盘线条绘制	计算棋盘各线条间距尺寸	
	绘制横竖线条及线性阵列	
	绘制斜线和双线条	
字体绘制	选取字体、文字大小	
	输入文字内容	
	调节文字位置	
文件保存	将绘制好的文件保存为 DXF 2004 格式	

（2）进行 AutoCAD 2008 切割图形处理训练过程评估，填写表 3-6。

表 3-6 AutoCAD 2008 **切割图形处理过程评估表**

工作环节	主 要 内 容	配分	得分
图形处理 20 分	图形格式正确	5	
	图形尺寸准确	5	
	图形精度正确	10	
软件熟练程度 40 分	常用命令操作熟练	10	
	异常情况自己能独立解决	10	
	一次操作成功无误	10	
	目标明确、清晰、积极性高	10	
技能评估 30 分	在规定时间内完成边框任务	10	
	在规定时间内完成文字输入任务	10	
	在规定时间内完成文件保存任务	10	
现场规范 10 分	人员安全规范	5	
	设备场地安全规范	5	
合计		100	

（1）注重安全意识，严守设备操作规程，不发生各类安全事故。

（2）注重成本意识，保证设备完好无损，尽可能节约训练耗材。

3.3.3　SolidWorks 软件绘平面加工图纸技能训练

1. 素材信息搜集

（1）步骤：搜集飞机模型 SolidWorks 装配体文件，用 SolidWorks 软件的不同命令将装配体三维图转换成二维平面图，修改参数导入到激光切割软件，为激光切割加工做准备。

（2）飞机模型信息搜集：飞机模型 SolidWorks 装配体文件示意图如图 3-74 所示，用 SolidWorks 软件将三维图转换成二维 DXF 2004 格式单个零件图，修正局部具体结构。

图 3-74　飞机模型 SolidWorks 装配体示意图

（3）切割图形处理：飞机模型 SolidWorks 装配体文件转换成的机身二维图如图 3-75 所示。

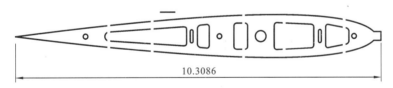

10.3086

图 3-75　飞机模型 SolidWorks 装配体文件转换的二维图

（4）将图 3-75 导入 SmartCarve 4.3 加工软件中，设置分辨率参数，并选择【导出】，具体过程与第 3.3.1 节的图形导入/导出过程类似，这里不再赘述。

2. 制订 SolidWorks 软件绘平面加工图工作计划

制订 SolidWorks 软件绘平面加工图工作计划，填写表 3-7。

表 3-7　SolidWorks 软件绘平面加工图工作计划表

序号	工 作 流 程	主要工作内容	
1	任务准备	素材准备	
		设备准备	
		软件准备	
		资料准备	

序号	工 作 流 程	主 要 工 作 内 容	
2	制订 SolidWorks 软件绘平面加工图工作计划	1	
		2	
		3	
		4	
3	注意事项		

3. SolidWorks 软件绘平面加工图纸技能训练

（1）完成 SolidWorks 软件绘平面加工图过程，填写工作记录表 3-8。

表 3-8　SolidWorks 软件绘平面加工图工作记录表

绘图步骤	工 作 内 容	工作记录
飞机零件工程图转换	将装配体图转换成单个零件图	
	将零件图投影生成工程图	
	调整工程图格式、投影线	
	保存工程图	
飞机零件 CAD 图纸转换	打开工程图	
	设置 CAD 格式、版本、比例	
	将工程图转换成 CAD 图	
	保存 CAD 图纸	
图纸合并	将单个零件 CAD 图纸合并到 CAD 文档中，保存	

（2）进行 SolidWorks 软件绘平面加工图训练过程评估，填写表 3-9。

表 3-9　SolidWorks 软件绘平面加工图评估表

工作环节	主 要 内 容	配分	得分
图形处理 20 分	图形格式正确	5	
	图形尺寸准确	5	
	图形精度正确	10	
软件熟练程度 40 分	常用命令操作熟练	10	
	异常情况自己能独立解决	10	
	一次操作成功无误	10	
	目标明确、清晰、积极性高	10	
技能评估 30 分	在规定时间内完成飞机零件工程图转换任务	10	
	在规定时间内完成飞机零件 CAD 图转换任务	10	
	在规定时间内完成飞机模型图合并任务	10	

续表

工作环节	主 要 内 容	配分	得分
现场规范 10 分	人员安全规范	5	
	设备场地安全规范	5	
合计		100	

（1）注重安全意识，严守设备操作规程，不发生各类安全事故。

（2）注重成本意识，保证设备完好无损，尽可能节约训练耗材。

4

激光切割机操作知识与技能训练

4.1 激光切割机操作基础知识与技能训练

4.1.1 激光切割机选型

1. 激光切割机型号及命名一般规则

根据激光器类型来给激光切割机分类更为通俗易懂,下面就通过这种分类方式来介绍激光切割机型号命名一般规则。

激光切割机型号命名一般采用英文字母加数字的形式,完整的命名可以分为 5 个部分,如图 4-1 所示。

（激光器类型）　　　　　　　　　（内部分类）
×× --- ×× --- ×××× --- ×××× --- ×
（制造商）　　　　（激光器功率）（加工幅面）

图 4-1　激光切割机型号命名一般规则

1）制造商

大部分的设备制造公司都会以自己品牌的英文全称或缩写来命名,如 MARVEL(华工激光 HGLaser 旗下品牌)、MPS(大族激光 han's laser 旗下品牌)、HYPE-CUT(楚天激光旗下品牌)及 HL(铭镭激光)等。

2）激光器类型

激光切割常用激光器有光纤、CO_2 和 YAG 三个大类,激光精密切割还可能用到固体紫外激光器。

光纤激光切割机常用 CF 来表示,它是 Fiber Laser Cutting Machine 英文缩写。CO_2 激光切割机常用 CC 来表示,它是 CO_2 Laser Cutting Machine 英文缩写。YAG 激光切割机常用 C-YAG 或 CY 来表示,它是 YAG Laser Cutting Machine 英文缩写。

3）激光器功率

激光器最大的输出激光功率，一般用 4 位数字表示，如 1000 表示 1000 W 激光器。

4）加工幅面

切割幅面由 4 位数字表示，一般前 2 位代表最大加工长度的 1/100，后 2 位代表最大加工宽度的 1/100，如 4020 表示最大加工长度为 4000 mm，最大加工宽度为 2000 mm。

5）内部分类

内部分类是各激光加工设备制造商对自己产品的分类命名，一般用字母表示，如 A、B。

图 4-2 所示的是某台激光切割机的型号命名实例，从一般命名规则可知，这是某厂商生产的一台 1000 W 光纤激光切割机，最大加工长度为 3000 mm，最大加工宽度为 1500 mm，是该型号设备的 B 型产品。

HL-CF-1000 3015B

图 4-2　激光切割机的型号命名实例

当然，激光加工设备制造商生产的激光切割机型号命名规则都不一样，只能从各厂商的型号中读懂基本信息，更加准确的信息可以在各厂商的官网上查找，再经过全方位沟通、了解后选购激光切割设备。

2. 激光切割机选型

激光切割机选型可以从如下三个方面来考虑。

1）加工材料

加工材料分为金属和非金属两种，可以根据切割材料的材质来选择两类设备，不推荐使用同一种设备混切两类材料。

CO_2 激光切割机主要用于切割非金属材料，高功率 CO_2 激光切割机也可以用来切割金属材料，但有被光纤激光切割机取代的趋势。

切割金属材料最常用光纤或 YAG 激光切割机。

2）激光器功率

（1）非金属切割：非金属激光切割机分为高功率和低功率两种。

功率为 40～200 W 的 CO_2 激光切割机适用加工厚度 10 mm 以下的非金属材料。

功率为 200～1600 W 的 CO_2 激光切割机既可以切割金属材料，也可以切割非金属材料和一些特殊材料，如圆形锯片、金属网板、石英玻璃、硅橡胶、氧化铝陶瓷等。

（2）金属切割：加工材料厚度 3 mm 以下的板材，且产品批量小、种类多时，建议选购 500 W 左右的中小功率 YAG 激光切割机，这种设备不但可以切割一般的钢板，还可以切割铜、铝等高反射材料，克服了光纤激光切割机和 CO_2 激光切割机在切割高反射材料方面的不足。

加工材料厚度 6 mm 以上的普通板材，且产品批量大、种类少时，建议选购 1000 W 以上的大功率光纤激光切割机。

（3）设备稳定性：设备稳定性是一个重要指标，应尽量选择市场占有率高、售后服务体系健全、售后服务网点多且经过长期市场检验的品牌产品，不能只以价格低廉为目标。

4.1.2 激光切割机基本操作技能训练

1. 基本操作信息搜集

1) 开机前准备工作

(1) 检查机器工作台面是否放有可能导致碰撞激光头部件的物品。

(2) 检查吹气压缩机是否打开。

(3) 检查冷水机是否打开。

(4) 检查水管、气管是否存在跑、冒、滴、漏的现象。

(5) 检查输入、输出电压是否正确。

(6) 检查机械部分器件是否完整,运行是否正常。

(7) 检查光路系统各反射镜、喷嘴、聚焦镜是否干净。

(8) 检查激光器器件连接是否正常。

(9) 通电查看控制面板是否有报警显示。

2) 开机操作顺序案例

(1) 打开总电源,此时【电源指示灯】亮,220 V 电源接通。

(2) 打开【激光电源】,查看出水管是否出水,预热 5 min。

(3) 运行【BOYE—CECS】软件,打开雕刻或切割图形文件,设置相应的运行参数。

(4) 放好工件,打开【机床电源】,用控制面板上的方向键找好聚焦镜头零点,即图形文件坐标零点。

(5) 用聚集镜调节套筒调好焦距。

(6) 用电位器调整激光能量。

(7) 打开【给气】,按要求调好保护气压。

(8) 打开【排风】。

(9) 按下【激光高压】。

(10) 进行雕刻、切割操作。

值得注意的是,激光切割机整体设备有一个总体的开关机顺序,开机顺序大体依次为:总电源→冷水系统→激光电源→控制计算机→其他辅助设备;关机顺序与之相反。

3) 注意事项

(1) 根据加工目的及工件性质选取合适运行速度和激光能量,即选好工艺参数。

(2) 工件摆放要平整,在工件的整个面保持一致高度。

(3) 激光设备工作过程中,要保持排风通畅。

(4) 注意用电安全,配戴激光防护眼镜。

2. 切割机工件定位分析

激光切割加工中,工件定位要通过控制面板来实现,某设备的操作面板如图 4-3 所示。控制面板包括显示区域和按键区域两部分,显示区域显示各种操作界面,按键区域包括

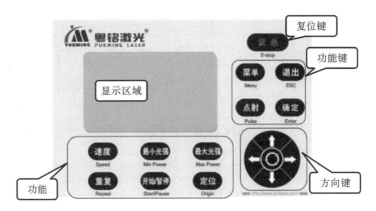

图 4-3　控制面板示意图

16 个按键,各按键功能简介如下。

1）按键功能简介

（1）【紧急】:按紧急按钮,所有部件(激光管、激光电源、电机等)均停止工作,除非出现紧急情况严禁使用此按钮。需要终止当前工作时,请先按【开始/暂停】按钮暂停当前作业,再按【退出】键终止当前工作。

（2）【菜单】:按菜单键进入菜单界面;在文件列表界面按下此键,进入复制文件界面。

（3）【点射】:按点射键执行激光点射功能;在文件列表界面按下此键,进入删除文件界面。

（4）【退出】:按退出键退出操作或返回上级菜单。

（5）【确定】:按确定键可以确定某项操作或进入下一级菜单。

（6）【速度】:按速度键进入雕刻速度设置界面,在 0～100％之间可选,对应机器参数的极限速度。

（7）【最小光强】:按最小光强键进入最小光强设置界面,在 0～100％之间可选。

（8）【最大光强】:按最大光强键进入最大光强设置界面,在 0～100％之间可选,此参数同时表示点射光强大小。

（9）【重复】:按重复键,系统重复作业或执行指定文件的雕刻、切割加工。

（10）【开始/暂停】:按此键系统执行指定文件加工并交替实现开始/暂停状态。

（11）【定位】:定位键用来修改加工原点,修改时用方向键将激光头移到的当前位置即为雕刻、切割原点。

（12）【方向键】:方向键可以控制激光头 X、Y 轴上下左右方向的移动,或升降轴、送料轴、旋转轴的移动,当激光头到达 X 或 Y 轴最大行程时,此键将无效。

（13）【中间键】:按中间键进入控制轴选择界面,可以选择 Y 轴、升降轴、送料轴、旋转轴及电动调焦、焦距偏移。

2）工件定位方式

激光切割时的工件定位主要通过设置原点模式来实现,原点模式设置有【机器定位点】和【当前点】两个选项,软件设置界面和实际定位位置如图 4-4(a)、(b)所示。

（1）【机器定位点】:从当前定位点处开始加工,这时绘图区域中的坐标原点则是机器设

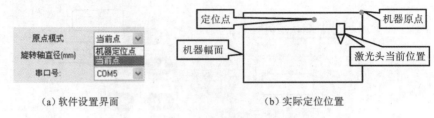

（a）软件设置界面　　　　　　　　（b）实际定位位置

图 4-4　原点模式设置

置的定位点。

（2）【当前点】：从当前激光头的位置处开始加工，这时绘图区域中的坐标原点则是激光头的位置。

3）工件定位示例

以下是一个切割工件的实际定位过程及其不同定位方式的结果。

图 4-5 所示的是通过 SmartCarve 4.3 软件绘制的一个切割工件的图，图上的定位原点在右上角。如果设置机器定位点的原点输出，激光头将从右上角的机器原点启动。如果设置机器定位点的任意一点输出，激光头将从机器定位点启动。如果设置当前点输出，激光头将从当前点启动，如图 4-6 所示。良好的定位方式可以节省材料，提高加工效率和产品合格率。

图 4-5　SmartCarve 4.3 软件绘图

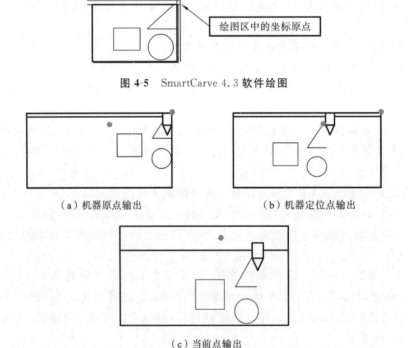

（a）机器原点输出　　　　　　　　（b）机器定位点输出

（c）当前点输出

图 4-6　不同原点模式的定位效果

4）定位的主要方法

（1）目测，激光头停在左上角或左下角等位置做参考，用在切割余量较大的场合。

（2）空走试切，主要用在切割余量不大，轮廓较复杂的场合。

（3）垫薄纸或薄板试切，主要用在切割余量小，轮廓复杂的场合。

5）切割加工操作过程

大部分激光切割机有【雕刻输出】、【内部文件加工】和【U 盘文件加工】三种方式。下面以【雕刻输出】来介绍切割加工操作过程，其他两种方式的操作过程与雕刻输出的类似。

【雕刻输出】是通过计算机上的 SmartCarve 4.3 软件输出加工图形进行加工，步骤如下。

（1）打开 SmartCarve 4.3，并准备相应的加工图形，设置相关加工参数。

（2）单击工具栏的【雕刻输出】按钮，弹出如图 4-7 所示的窗口。

图 4-7 【雕刻输出】对话框

（3）设置克隆行数与克隆列数，图形数据可以多行多列输出，默认值为 1 行 1 列。

（4）设置行间距与列间距，即设置多行多列输出时图形之间的间隔。

（5）设置原点模式。

（6）勾选【切边】，选中后可以设置切边光强来切割边框，不勾选【切边】即为不出光走边框。

（7）勾选【切边】后，设置切边时的速度大小。

（8）勾选【切边】后，设置切边时的光强大小。

（9）单击【雕刻输出】按钮，软件状态栏中有进度信息显示，如图 4-8 所示。

图 4-8 软件状态栏进度信息显示

设置好的参数，执行【雕刻输出】加工文件会传输到切割机上，桌面的屏幕显示加工界面，文件名显示为"YMLaser"，并开始计时，如图 4-9 所示，直到加工完成。

3. 制订激光切割机基本操作工作计划

制订激光切割机基本操作工作计划，填写表 4-1。

图 4-9 显示加工界面

表 4-1 激光切割机基本操作工作计划表

序号	工作流程	主要工作内容	
1	任务准备	素材准备	
		设备准备	
		场地准备	
		资料准备	
2	制订激光切割机基本操作工作计划	1	
		2	
		3	
		4	
3	注意事项		

4. 激光切割机基本操作实战技能训练

完成激光切割机基本操作过程,填写工作记录表 4-2。

表 4-2 激光切割机基本操作工作记录表

加工步骤	工作内容	工作记录
开关机操作	冷水机开关机操作	
	切割机主机开关机操作	
	排气系统开关机操作	
	切割吹气开关机操作	
工件定位操作	定位移动操作	
	定位点选取与确定	
	加工工件安装与固定	
切割加工操作	导入切割图形操作	
	设置加工工艺参数	
	开始加工工件操作	

5. 进行激光切割机基本操作过程评估

进行激光切割机基本操作过程评估,填写表 4-3。

表 4-3 激光切割机基本操作技能训练过程评估表

工作环节	主要内容	配分	得分
开关机操作 20分	冷水机开关机操作正确	5	
	切割机主机开关机操作正确	5	
	排气系统开关机操作正确	5	
	切割吹气开关机操作正确	5	

续表

工作环节	主 要 内 容	配分	得分
平台定位操作 20分	触摸屏定位移动操作正确	5	
	定位点选取与确定正确	5	
	加工工件安装与固定正确	10	
切割加工操作 20分	导入切割图形操作正确	5	
	设置加工工艺参数正确	10	
	开始加工工件操作正确	5	
技能评估 30分	在规定时间内完成开关机操作任务	10	
	在规定时间内完成平台定位操作任务	10	
	在规定时间内完成切割雕刻加工任务	10	
现场规范 10分	人员安全规范	5	
	设备场地安全规范	5	
合计		100	

(1) 注重安全意识,严守设备操作规程,不发生各类安全事故。

(2) 注重成本意识,保证设备完好无损,尽可能节约训练耗材。

4.2　激光切割软件基础知识与操作训练

4.2.1　常用激光切割软件基础知识

1. 中小功率非金属激光切割软件

1) 软件操作界面简介

图 4-10 是典型中小功率非金属激光切割软件界面示意图。从图中可以看出,切割软件既有和大部分绘图软件相同的系统工具栏、图元列表框、图元属性设置区及绘图工具栏等图形制作栏目,还有显示 256 个图层及其切割顺序等信息的绘图层列表和设置图层参数与加工参数的图层参数设置区,这要重点掌握。

系统工具栏有新建、修改、撤销、重做操作、窗口缩放,移动和查看图形等功能;图元列表框显示绘图区绘制的图元名称编号;图元属性设置区设置图元的位置、大小等属性;绘图工具栏提供绘制实线、矩形、圆等基本图元,同时可以支持各种图形格式文件导入、打印输入等功能;图层列表显示 256 个图层及其切割顺序等信息;图层参数设置区设置图层参数和加工参数。

2) 软件使用流程图简介

图 4-11 所示的是软件使用一般流程图,不同厂家的具体步骤可能有细微差别。

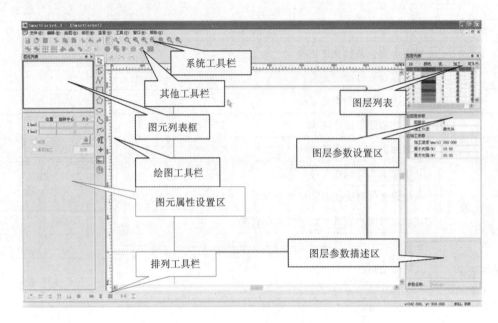

图 4-10　典型中小功率非金属激光切割软件界面

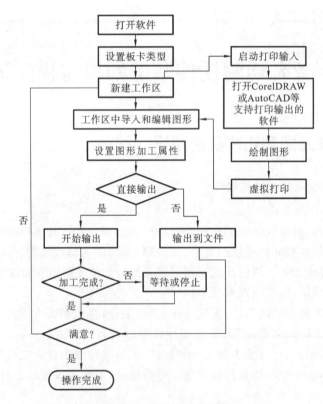

图 4-11　软件使用流程图

3）软件绘图与图形修改命令简介

（1）软件绘图命令简介：软件绘图命令下拉菜单如图 4-12(a)所示，主要有以下功能。

【图形选取】：用于选取图形；【节点编辑】：用于编辑图元的节点；【线】：用于绘制直线段；【正多边形】：用于绘制正多边形；【椭圆】：用于绘制圆和椭圆；【贝塞尔】：用于绘制贝塞尔曲线；【文本】：用于绘制文字；【穿孔】：用于绘制穿孔图元；【图像文件】：用于导入 BMP、JPG、GIF 等图像文件；【矢量文件】：用于导入 PLT、DXF、DST、DSB、AI、nc、oux、out、yln、ymd 等矢量图形文件。

（2）图形修改命令简介：图形修改命令下拉菜单如图 4-12(b)所示，主要有以下功能。

【镜像】：用于对所选图形进行 X 或 Y 方向镜像变换；【填充】：用于对闭合图形进行填充操作；【坐标系】：用于设置坐标系；【转换成曲线】：用于将非曲线图元转换成直线段组成的曲线图元；【转换虚线】：用于将图形转换成虚线图元；【路径优化】：用于对图形进行加工路径优化；【内缩外扩】：用于对图形进行内缩或外扩操作；【添加引线】：用于对闭合图形添加引入或引出线；【设置曲线精度】：用于设置曲线精度；【曲线连接】：用于将首尾相连的多条曲线连接成一条曲线；【曲线闭合】：用于将未闭合的曲线进行闭合操作；【穿孔转小圆】：用于将穿孔图元转换为小圆；【小图元转穿孔】：用于将小图形转换为穿孔图元；【群组】：用于将多个图元组成一个群组；【打散群组】：用于将群组图形解散为多个图形。

【转换阵列】：用于将所选图形转换为阵列图元；【打散阵列】：用于将阵列图元打散为多个独立图形；【转换边角料】：用于将所选图形转换为阵列图元的边角料；【拆除边角料】：用于将阵列图元内的边角料图形转换为一般图形；【转导光板】：用于将导入的图形转为导光板类图元。

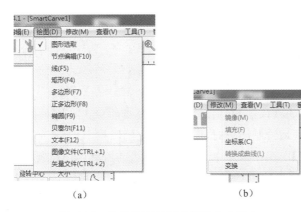

（a）　　　　　　　　　　（b）

图 4-12　软件绘图与图形修改命令简介

4）图层列表菜单设置简介

在激光加工中，图层参数设置可以直接理解为加工工艺参数设置。

例如，某个产品有些地方需要切割得深一点，有些地方需要切割得浅一些，我们按图层设置加工工艺参数可以很容易达到目的。

图层参数设置通过【图层信息栏】菜单来实现，主要包括【图层列表】、【图层参数】和【加工参数】属性栏，最大支持 256 个图层，如图 4-13 所示。

（1）【图层列表】：图层列表有【ID】、【颜色】、【优先级】、【加工】、【可见】等选项，如图 4-14

图 4-13　图层列表菜单

所示。

【优先级】表示当前图层的加工顺序,范围为 1～256,数字越小越先加工,双击可直接修改图层优先级。【加工】表示当前图层是否需要输出加工,是则需要加工,否则不输出加工,双击可直接设置是否加工。【可见】表示属于该图层的图元是否在绘图区域中显示,设为"否"则不显示,双击可直接设置是否可见。

图中以蓝色背景覆盖的图层为当前选中的图层,在图层参数和加工参数中显示的是该图层的参数。以灰色背景覆盖的图层为当前绘制图形默认的图层。

选中图层列表框中的某一行,单击右键时会弹出一个菜单,如图 4-15 所示。

单击【应用到当前选中对象】选项后,系统会将在当前绘图区域选中的对象的图层 ID 号切换到单击右键处对应的图层 ID 号。

单击【将当前图层参数应用到所有图层】选项后,系统会将当前单击右键处的图层中设置的参数拷贝到其他图层中。

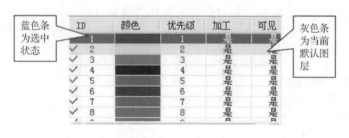

图 4-14　图层列表　　　　　　**图 4-15　图层列表框**

单击【设置当前层为默认层】选项后,系统会将当前单击右键处的图层设定为默认图层,默认图层表示在绘图区域绘制图形时,图形初始化的图层 ID 号。

【图层参数库管理】图层参数库主要用来保存当前所有用户设置好的参数。

(2) 图层参数:图层参数由厂商定义,用户一般不可以修改。

(3) 加工参数如下。

【加工速度】:是工作时单轴最大运行速度,单位为 mm/s。

【最小光强】:是激光加工时激光出光的最小能量值,设置时必须小于设备的加工功率,范围为 0～100%。

【最大光强】:是激光加工时激光出光的最大能量值,范围为 0～100%,100% 表示最大功率。比如 60 W 的激光管设置为 50%,表示当前加工的功率是 30 W,最大光强设置始终大于或等于最小光强,在速度一样的情况下,光强越大,雕刻越深。

图 4-16 是光强设置不当时的加工影响示意图,其中图 4-16(a)表示光强偏小的加工效果,图 4-16(b)表示光强偏大的加工效果。

5) 图形填充设置简介

对闭合的图元进行填充操作是激光雕刻图案的必要步骤,图 4-17 所示的图案就是由未填充和填充的图案构成的。在切割软件中进行填充的具体步骤如下。

（a）光强偏小

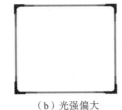
（b）光强偏大

图 4-16　光强设置不当影响示意图

图4-17　包含未填充和填充的加工图案

(1) 选中一个或多个闭合图元(如矩形、椭圆、文字、矢量图形等闭合曲线)。

(2) 单击图形修改命令下拉菜单中的【填充】选项,弹出【填充】对话框,如图 4-18 所示。

【填充方向】:填充方向分为单向填充和双向填充两类,每类分 X 和 Y 两个方向。

单向填充指填充线只从最左(右)侧出光扫至最右(左)侧后,空走到下一行的最左(右)侧,继续上述过程,如图 4-19(a)所示。

双向填充指填充线先从最左(右)侧出光扫至最右(左)侧后,空走到下一行的最右(左)侧,再从当前位置出光扫至最左(右)侧,如图 4-19(b)所示。

图 4-18　【填充】对话框

（a）单向填充

（b）双向填充

图 4-19　单向填充和双向填充示意图

显然,单向填充的加工时间比双向填充的时间长。

【扫描精度(dpi)】:扫描精度用来设置填充线的间距以控制填充的疏密程度,单位用 dpi(线/英寸)表示。扫描精度数值越小,扫描时每行间隔越大,反之则越小。

显然,扫描精度数值越大,扫描精度越高,加工时间越长。

6) 添加引入/引出线设置介绍

(1)引入/引出线功能:引入/引出线主要应用于大功率或厚板材的切割加工,目的是将切割起始点定位在加工产品实际曲线的外端或内端,保证切割路径接口平滑。在加工厚板材时,如果没有添加引入/引出线,会在起始位置处出现"火柴头"或者断口的现象,导致加工出来的产品接口不好。

(2) 引入/引出线设置如下。

① 选中闭合曲线后,单击图形修改命令下拉菜单中的【添加引线】选项,或单击右键菜单中【添加引线】选项,弹出【添加引线】对话框,如图 4-20(a)、(b)所示。

（a）勾选　　　　　　　　　（b）不勾选

图 4-20　勾选/不勾选【自动计算角度】示意图

②　设置【过切长度】，加工闭合图形时，如果在加工起始点启动加工和结束加工，由于某些原因可能导致接口不闭合，设置【过切长度】可在激光头运动到结束位置后再过切一段距离，保证切割闭合。

③　勾选【引入】，设置引入长度，即起始加工点到原图起点的距离。

④　勾选【引出】，设置引出长度，即结束加工点到原图终点的距离。

⑤　勾选【自动计算角度】，表示引入或引出线的角度由软件自动计算，用户只需设置引线是外引线还是内引线即可，如图 4-20（a）所示。不勾选【自动计算角度】，表示用户可自行设置引入/引出线的角度，如图 4-20（b）所示。

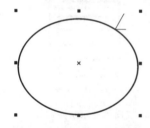

图 4-21　添加引入线和引出线示意图

⑥　单击【确定】按钮，原有图形上多出了引入线和引出线两条线段，如图 4-21 所示。

中小功率非金属激光切割软件还有许多功能，限于篇幅不再逐一列举，详细资料请参看各厂家的资料。

2. 中功率金属激光切割软件知识案例

1）软件操作界面简介

图 4-22 是典型中功率金属激光切割软件界面示意图。从图中可以看出，金属激光切割软件既有和非金属激光切割软件相同的栏目，还有金属激光切割特有的栏目。

软件操作界面正中央黑底为绘图板，其中白色带阴影外框表示加工幅面，灰色网格上的尺寸标尺会随视图放大或缩小而变化，为绘图提供参考。

软件操作界面正上方从上到下依次是标题栏、菜单栏和工具栏。

菜单栏包括【文件】菜单和【开始】、【绘图】、【数控】、【视图】4 个工具栏菜单，选择工具栏菜单可以切换工具栏的显示。

标题栏左侧有一个快速访问工具栏，用于快速新建、打开和保存文件，撤销和重做也可以通过这里快速完成。

软件操作界面左侧是绘图工具栏，其中上面 5 个按钮用于切换绘图模式，包括【选择】、【节点编辑】、【次序编辑】、【拖动】和【缩放】，其他按钮分别对应一种图形，单击它们就可以在

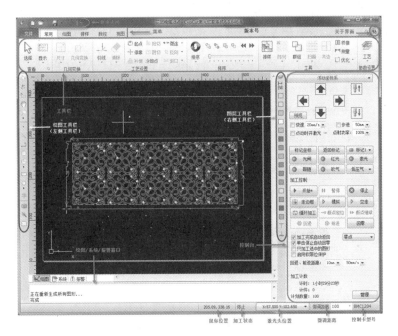

图 4-22   典型中功率金属激光切割软件界面示意图

绘图板上插入一个新图形。

软件操作界面右侧是图层工具栏,包括一个【图层】按钮和 16 个颜色方块按钮,单击【图层】按钮将打开【图层】对话框,其中可设置大部分参数;16 个颜色方块按钮每个都对应一个图层, 选中图形时单击它们表示将选中图形移动到指定图层;没有选中图形时单击它们表示设置下次绘图的默认图层。其中,第一个白色方块表示一个特殊的图层【图层 0】,该图层上的图形将以白色显示且不会被加工。

软件操作界面下方包括两个滚动显示的文字窗口,左边的为【CAD 命令窗口】,可以输入 CAD 指令或坐标,所有绘图指令的相关提示信息也在这里显示。右边的窗口为【系统消息窗口】,除绘图之外的其他系统消息都将在这里显示,每一条消息都带有时间标记,并根据消息的重要程度以不同颜色显示,包括提示、警告、报警、错误等。

软件操作界面最底部是状态栏,根据不同的操作显示不同的提示信息。状态栏的右侧包括鼠标所在位置、加工状态、激光头所在位置几个常用信息。

软件操作界面右侧的矩形区域称为【控制台】,大部分与控制相关的常用操作都在这里进行。从上到下依次是坐标系选择、手动控制、加工控制、加工选项和加工计数,有的软件里还包含板外切割控制。

2)工具栏

工具栏分为【开始】、【绘图】、【数控】和【视图】4 个分页菜单,如图 4-23 所示。

3)激光切割操作工作流程

金属激光切割操作工作流程如图 4-24 所示,分为以下几个步骤。

(1)导入图形:单击界面左上角快速启动栏中的【打开文件】按钮,弹出【打开】对话框,选择需要打开的图形。对话框右侧提供了一个快速找到文件的预览窗口,如图 4-25 所示。

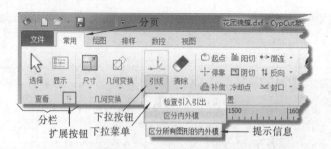

图 4-23　典型中功率金属激光切割软件界面工具栏

图 4-24　激光切割操作工作流程

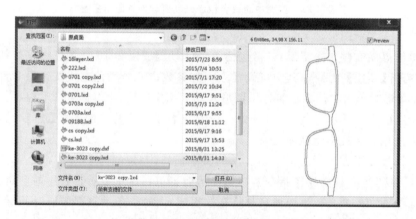

图 4-25　导入图形示意图

（2）图形预处理：导入图形的同时，软件会自动进行去除极小图形、去除重复线、合并相连线、自动区分内外模和排序等操作，一般情况下无需其他处理就可开始设置工艺参数。

如果自动处理过程不能满足要求，可以打开菜单【文件】→【用户参数】进行设置。

（3）工艺设置：使用工具栏【工艺设置】功能，包括设置引入/引出线、设置补偿等。【引线】可以用于设置引入/引出线，【补偿】用于进行割缝补偿，【微连】用于在图形中插入不切割的小段微连，【反向】可将单个图形反向。

单击右侧工具栏的【图层】按钮，可以设置详细的切割工艺参数。【图层参数设置】对话框中包含了几乎所有与切割效果有关的参数，按【F6】可以快速调出此窗口。

（4）刀路规划：刀路规划就是根据需要对图形进行加工排序。

单击【排序】按钮可以自动排序，自动排序不能满足要求时，可以单击左侧工具栏上的 123 按钮进入手工排序模式，依次单击图形，就可设定加工次序。

（5）加工前检查：在实际切割前可以对加工轨迹进行检查。拖动如图 4-26 所示的交互式预览进度条，可以快速查看图形加工次序；单击【交互式预览】按钮，可以逐个查看图形加工次序。

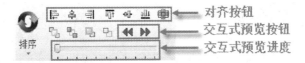

图 4-26　交互式预览进度条

单击控制台上的【模拟】按钮，可以进行模拟加工，通过【数控】分页上的【模拟速度】功能调节模拟加工的速度。

（6）实际加工：实际加工必须在机床上运行，并且还需要加密狗和控制卡的支持。

4）工艺参数设置

金属激光切割工艺参数设置与被切割材料、激光器、气压等有直接联系，应根据实际工艺要求进行设置。

（1）自动设置引入/引出线：选择需要设置引入/引出线的图形，单击工具栏上的【引刀线】按钮，在弹出的窗口中设置引入/引出线的参数，设置过程如图 4-27 所示。

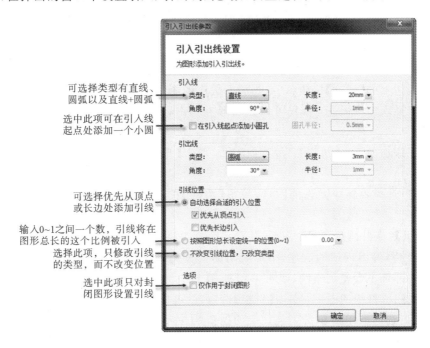

图 4-27　自动设置引入/引出线

（2）割缝补偿：选中要补偿的图形，单击工具栏上的【补偿】按钮进行割缝补偿。

测量实际切割结果获得割缝补偿宽度，补偿后的轨迹在绘图板中以白色表示，加工时将以补偿后的轨迹运行，原图仅在绘图板中为方便操作而显示。

割缝补偿方向可以手工选择，也可以根据阳切、阴切自动判断，阳切向外补偿，阴切向内补偿。割缝补偿时,可以选择对拐角以圆角过渡还是以直角过渡,如图 4-28 所示。

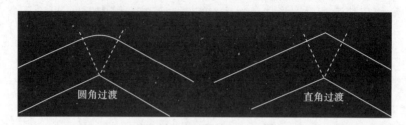

图 4-28　割缝补偿示意图

图 4-28 中,下方为原图,上方为补偿后的轨迹,两条虚线是从原图拐角处所作的垂线。从图中可以看出垂线两侧补偿之后可以保证割缝边缘与原图重合,但拐角处需要过渡。通常圆角过渡能保证在过渡过程中割缝边缘仍然与原图重合,并且运行更加光滑。

取消补偿时,选择需要取消补偿的图形,单击【清除】按钮,在弹出的对话框中选择【取消补偿】即可。

(3)【微连】:用于在轨迹中插入一段不切割的微连接,切割到此处时激光关闭。微连在绘图板中显示为一个缺口,如图 4-29 所示。

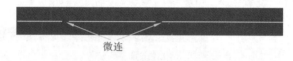

图 4-29　微连示意图

单击工具栏上的【微连】按钮,在需要加入微连的图形处单击就可以添加一个微连,也可以连续单击来插入多个微连,不仅可以在图形上单击,也可以在经过补偿后的轨迹上单击来插入微连。

除了手工添加微连,也可以自动添加微连。单击【自动微连】按钮,在弹出的对话框中设置参数即可。

删除微连:选择要删除微连的图形,单击【清除】按钮,在弹出的对话框中选择【清除微连】即可。

(4)【群组】:群组是指将多个图形,甚至多个群组组合在一起形成一个群组,整个群组将会作为整体看待,群组内部的次序、图形之间的位置关系、图层都被固定下来,在排序、拖动等操作时其内部都不会受到影响,如图 4-30 所示。

选择需要组成群组的图形,单击【群组】按钮,就可以将所选择的图形组合为一个群组。

打散群组:选择群组后单击工具栏上的【打散】按钮,可打散绘图板上的所有群组;单击【群组】下方的小三角,选择【打散全部群组】,可以打散全部群组。

(5)共边:将具有相同边界的工件合并在一起共用一条边界,可以大量节省加工长度,提高效率,如图 4-31 所示。

选择需要共边的两个或多个图形,单击工具栏上的【共边】按钮,软件就会尝试对所选择的图形共边,如果所选择的图形不满足共边的条件,界面左下方的【CAD 消息】窗口将会显示提示信息。

图 4-30　群组示意图

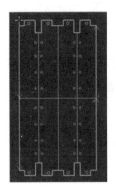

图 4-31　共边示意图

（6）【桥接】：当一个工件由多个部分构成，但又不希望切割之后散落，可以通过【桥接】将它们连接起来。这一功能还能减少穿孔次数。多次使用【桥接】功能，还可以实现对所有图形一笔画的效果。

两个图形桥接：单击【桥接】按钮，在屏幕上画一条直线，所有与该直线相交的图形都将两两桥接起来，如图 4-32 所示。

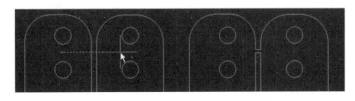

图 4-32　桥接示意图

（7）图层设置参数：图层设置参数包括切割速度、激光功率、气压、切割高度等工艺参数。

单击工具栏上的【图层】按钮，打开【图层参数设置】对话框，第一页是【全局参数】，用于控制图层之外的参数，如空移速度、点射功率等，还可以选择速度和加速度单位。

图层参数的功能说明如表 4-4 所示。

表 4-4　图层参数的功能说明

工 艺 参 数	
切割速度	设置实际切割的目标速度。在切割轨迹的首末段及拐弯处存在加减速，实际切割速度小于该速度
穿孔时间	将被切割板材击穿所需要的时间，根据实际板材的厚度和材质设置
上抬高度	设置切割完中断或暂停后激光头 Z 轴上抬的高度
峰值电流	设置光纤激光器的峰值电流，即峰值功率
切 割 类 型	
直接切割	穿孔与切割采用同样的参数，常用于薄板切割
分段穿孔	穿孔与切割采用不同的参数，常用于厚板切割
渐进穿孔	在分段穿孔的基础上，采用边穿孔边慢速下降的变离焦量的穿孔方式，常用于厚板切割

续表

切 割 参 数	
切割功率	设置切割时采用的激光功率，即 PWM 调制信号的占空比
切割高度	设置切割时激光头距离板材的高度
切割气压	设置切割时辅助气体的气压，需与比例阀或多气阀配合使用
切割频率	设置切割时 PWM 调制信号的载波频率，该值越大表示出光越连续
切割气体	设置切割时所使用的辅助气体类型
穿 孔 参 数	
渐进速度	设置使用渐进穿孔时从穿孔高度慢速下降到切割高度的速度
穿孔功率	设置穿孔时采用的激光功率，即 PWM 调制信号的占空比
穿孔高度	设置穿孔时激光头距离板材的高度
穿孔气压	设置穿孔时辅助气体的气压，需与比例阀或多气阀配合使用
穿孔频率	设置穿孔时 PWM 调制信号的载波频率，一般采用较低的频率
穿孔气体	设置穿孔时所使用的辅助气体类型
其 他 参 数	
使能短距离不上抬	启用该功能后，若两个图形间的空移距离小于全局参数中【短距离不上抬的最大空移长度】设置值，则前一个图形加工完成后 Z 轴不上抬，直接空移到下一个图形的起点开始加工

中功率金属激光切割软件还有许多功能，限于篇幅不再逐一列举，详细资料请参看各个厂家的资料。

4.2.2 中小功率非金属激光切割软件操作技能训练

1. 非金属激光切割软件信息搜集

见第 4.2.1 节内容。

2. 制订非金属激光切割软件操作工作计划

制订非金属激光切割软件操作工作计划，填写表 4-5。

表 4-5 非金属激光切割软件操作工作计划表

序号	工 作 流 程	主 要 工 作 内 容	
1	任务准备	材料准备	
		设备准备	
		场地准备	
		资料准备	

续表

序号	工 作 流 程	主要工作内容	
2	制订非金属激光切割软件操作工作计划	1	
		2	
		3	
		4	
3	注意事项		

3. 非金属激光切割软件操作实战技能训练

完成非金属激光切割软件操作,填写工作记录表 4-6。

表 4-6　非金属激光切割软件操作工作记录表

加工步骤	工 作 内 容	工作记录
图形填充	导入封闭的切割图形	
	选中图形进行填充	
	设置填充精度 300 dpi	
图形分层	导入封闭的切割图形	
	选中外圆圈边框图形	
	右击红色图形,选中应用到当前层	
添加引入/引出线	选中棋子外圆圈图形	
	单击引入/引出线	
	设置引入/引出线类型、引线长度 3 mm 及弧度 60°	

4. 进行非金属激光切割软件操作过程评估

进行非金属激光切割软件操作过程评估,填写表 4-7。

表 4-7　非金属激光切割软件操作技能训练过程评估表

工作环节	主 要 内 容	配分	得分
图形填充 20 分	图形填充位置正确	10	
	图形填充精度正确	10	
图形分层 20 分	图形分层颜色正确	10	
	各层参数设置正确	5	
	各层加工顺序设置正确	5	
添加引入/引出线 20 分	引入线添加正确	10	
	引出线添加正确	5	
	外引线和内引线方向正确	5	

续表

工作环节	主 要 内 容	配分	得分
技能评估 30 分	在规定时间内完成图形填充任务	10	
	在规定时间内完成图形分层任务	10	
	在规定时间内完成添加引入/引出线任务	10	
现场规范 10 分	人员安全规范	5	
	设备场地安全规范	5	
合计		100	

（1）注重安全意识，严守设备操作规程，不发生各类安全事故。

（2）注重成本意识，保证设备完好无损，尽可能节约训练耗材。

5

激光切割雕刻材料知识与技能训练

5.1　非金属材料激光切割基础知识与技能训练

激光切割非金属材料主要使用波长为 10600 nm 的 CO_2 激光切割机。

5.1.1　皮革激光切割雕刻知识与技能训练

1. 皮革激光切割雕刻信息搜集

皮革可以分为真皮、合成皮、人造革、PU 革等不同材料。

皮革的激光加工主要有激光雕刻、切割、打孔和打标。图 5-1(a)所示的是皮革激光雕刻加工,图 5-1(b)所示的是皮革激光切割和打孔加工,图 5-1(c)所示的是皮革激光切割雕刻的一些具体产品,如服饰、皮鞋、窗帘等,常用激光切割机或激光打标机进行加工。

（a）激光雕刻

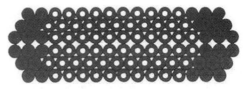

（b）激光切割和打孔

布料切割

布料镂空切割

图 5-1　皮革激光切割雕刻方法与产品

皮革镂空切割

真皮、人造革切割

（c）产品示例

续图 5-1

2. 皮革激光切割雕刻技能训练工作任务

皮革激光切割雕刻技能训练的工作任务是利用非金属激光切割机完成一个鼠标垫的选材、设计和激光雕刻切割全过程，如图 5-2 所示。

图 5-2　激光切割雕刻皮革鼠标垫

3. 鼠标垫激光切割雕刻工艺参数测试

鼠标垫激光切割雕刻工艺参数测试如表 5-1 所示。

表 5-1　鼠标垫激光切割雕刻工艺参数测试表

鼠标垫激光切割雕刻工艺参数测试表					
测试人员			测试日期		
作业要求	加工材料:皮革 质量要求:(1) 雕刻图案美观、字体清晰、位置准确、表面无受热变型(发黑、发黄、起泡); (2) 切割轮廓清晰、尺寸准确、断面无受热变型(发黑、发黄、起泡)				
设备参数记录	焦距		功率		速度范围	
	气压		工作台类型		喷嘴规格	

续表

鼠标垫激光切割雕刻工艺参数测试记录

测试次数	第 1 次	第 2 次	第 3 次	第 4 次	参数确认
焦距高度					
雕刻速度					
最大功率					
最小功率					
填充精度					
效果对比					

雕刻质量及质量改进措施

雕刻线毛刺影响	
雕刻线热影响	
雕刻线尺寸精度	
质量改进措施	

4. 鼠标垫激光切割雕刻质量检验与评估

鼠标垫激光切割雕刻质量检验与评估如表 5-2 所示。

表 5-2 鼠标垫激光切割雕刻加工技能训练过程评估表

工作环节	主 要 内 容	配分	得分
图形处理 30 分	图形格式正确	10	
	图形尺寸准确	10	
	图形精度正确	10	
工艺参数 40 分	焦距准确	10	
	切割速度正确	10	
	功率大小正确	10	
	填充精度正确	10	
产品质量 30 分	切口边缘合格	10	
	产品尺寸准确	10	
	图案位置准确	10	
合计		100	

（1）注重安全意识，严守设备操作规程，不发生各类安全事故。

（2）注重成本意识，保证设备完好无损，尽可能节约训练耗材。

5.1.2 木材激光切割雕刻知识与技能训练

1. 木材激光切割雕刻信息搜集

木材很容易激光雕刻和切割，可以分为原木（未加工的木材）和胶合板两大类材料。

浅色的木材如桦木、樱桃木或者枫木比较适合雕刻，致密一些的硬木可以用来做刀模的夹具，图 5-3 所示的是木材激光雕刻切割加工的一些产品实例。

图 5-3　木材激光切割雕刻产品

木材激光雕刻通常是阴雕，如果雕刻和切割材料深度较深，这时设备功率相应较高，切割速度较慢，但此时木材容易发黑甚至燃烧，加工时可以采用重复雕刻和切割的方法。

2. 木材激光切割雕刻技能训练工作任务

木材激光切割雕刻技能训练的工作任务是利用非金属激光切割机完成一个木制象棋棋盘的选材、设计和激光雕刻切割全过程，如图 5-4 所示。

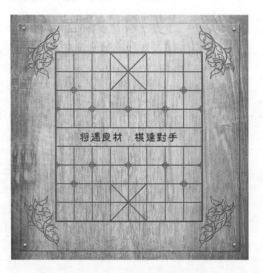

图 5-4　激光切割雕刻木制象棋棋盘

3. 木制象棋棋盘激光切割雕刻工艺参数测试

木制象棋棋盘激光切割雕刻工艺参数测试如表 5-3 所示。

表 5-3　木制象棋棋盘激光切割雕刻工艺参数测试表

木制象棋棋盘激光切割雕刻工艺参数测试表

测试人员			测试日期	
作业要求	加工材料:木材 质量要求:(1) 雕刻图案美观、字体清晰、位置准确、表面无受热变型(发黑、发黄); (2) 切割轮廓清晰、尺寸准确、断面无受热变型(发黑、发黄)			
设备参数 记录	焦距		功率		速度范围	
	气压		工作台类型		喷嘴规格	

木制象棋棋盘激光切割雕刻工艺参数测试记录

测试次数	第 1 次	第 2 次	第 3 次	第 4 次	参数确认
焦距高度					
雕刻速度					
最大功率					
最小功率					
填充精度					
效果对比					

雕刻质量及质量改进措施

雕刻线毛刺影响	
雕刻线热影响	
雕刻线尺寸精度	
质量改进措施	

4. 木制象棋棋盘激光切割雕刻质量检验与评估

木制象棋棋盘激光切割雕刻质量检验与评估如表 5-4 所示。

表 5-4　木制象棋棋盘激光切割雕刻加工技能训练过程评估表

工作环节	主 要 内 容	配分	得分
图形处理 30 分	图形格式正确	10	
	图形尺寸准确	10	
	图形精度正确	10	
工艺参数 40 分	焦距准确	10	
	切割速度正确	10	
	功率大小正确	10	
	填充精度正确	10	

续表

工作环节	主 要 内 容	配分	得分
产品质量 30分	切口边缘合格	10	
	产品尺寸准确	10	
	图案位置准确	10	
合计		100	

（1）注重安全意识，严守设备操作规程，不发生各类安全事故。
（2）注重成本意识，保证设备完好无损，尽可能节约训练耗材。

5.1.3 亚克力激光切割雕刻知识与技能训练

1. 亚克力激光切割雕刻信息搜集

亚克力板是聚甲基丙烯酸甲酯（PMMA）板材，又称有机玻璃，具有水晶般的透明度、极佳的加工性能、丰富的板材颜色等优势，随处可以见到激光切割雕刻加工亚克力产品，图5-5所示的是一些产品实例。

图 5-5　亚克力板激光切割雕刻加工产品

图 5-6　激光切割雕刻亚克力象棋棋子

2. 亚克力激光切割雕刻技能训练工作任务

亚克力激光切割雕刻技能训练的工作任务是利用非金属激光切割机完成一个亚克力象棋棋子的选材、设计和激光切割雕刻全过程，如图5-6所示。

3. 象棋棋子激光切割雕刻工艺参数测试

象棋棋子激光切割雕刻工艺参数测试如表5-5所示。

4. 亚克力象棋棋子激光切割雕刻质量检验与评估

亚克力象棋棋子激光切割雕刻质量检验与评估如表5-6所示。

表 5-5　象棋棋子激光切割雕刻工艺参数测试表

象棋棋子激光切割雕刻工艺参数表

测试人员				测试日期			
作业要求	加工材料:亚克力板 质量要求:(1) 雕刻图案美观、字体清晰、位置准确; (2) 雕刻深度 1 mm,无锯齿; (3) 切割轮廓清晰、尺寸准确、断面无受热变型(发黄、倾斜)						
设备参数 记录	焦距		功率			速度范围	
	气压		工作台类型			喷嘴规格	

象棋棋子激光切割雕刻工艺参数测试记录

测试次数	第 1 次	第 2 次	第 3 次	第 4 次	参数确认
雕刻速度					
切割速度					
雕刻最大功率					
雕刻最小功率					
雕刻填充精度					
切割速度					
切割最大功率					
切割最小功率					
效果对比					

亚克力板激光切割雕刻质量及质量改进措施

切口边缘毛刺影响	
切口处热影响	
切割雕刻尺寸精度	
质量改进措施	

表 5-6　亚克力象棋棋子激光切割雕刻加工技能训练过程评估表

工作环节	主 要 内 容	配分	得分
图形处理 30 分	图形格式正确	10	
	图形尺寸准确	10	
	图形精度正确	10	

续表

工作环节	主 要 内 容	配分	得分
工艺参数 40分	焦距准确	10	
	切割速度正确	10	
	功率大小正确	10	
	填充精度正确	10	
产品质量 30分	切口边缘合格	10	
	产品尺寸准确	10	
	图案位置准确	10	
合计		100	

（1）注重安全意识，严守设备操作规程，不发生各类安全事故。

（2）注重成本意识，保证设备完好无损，尽可能节约训练耗材。

5.1.4　塑胶材料激光切割雕刻知识与技能训练

1. 塑胶材料激光切割雕刻信息搜集

塑胶材料的激光加工性良好，目前已经实现激光切割、雕刻、焊接及钻孔等各种工艺方法，为了增强激光雕刻的效果，还可以在塑胶制品中加入俗称镭雕粉的材料。

用激光制作橡胶印章是塑胶材料切割雕刻的主要工作，随处可以见到这类产品，图5-7所示的是两个塑胶印章和图案的产品实例。

图5-7　塑胶印章和图案实例

图5-8　激光切割雕刻塑胶印章

2. 塑胶材料激光切割雕刻技能训练工作任务

塑胶材料激光切割雕刻技能训练的工作任务是利用非金属激光切割机完成一个塑胶印章的选材、设计和激光切割雕刻全过程，如图5-8所示。

3. 印章激光雕刻工艺参数测试表

塑胶印章激光雕刻工艺参数测试如表5-7所示。

表 5-7　塑胶印章激光雕刻工艺参数测试表

塑胶印章激光雕刻工艺参数测试表

测试人员			测试日期	
作业要求	加工材料:塑胶 质量要求:(1) 内容新颖健康、版面排列美观、字体大小适中、圆圈大小得当; (2) 雕刻深度 1 mm(少于 0.5 mm 不得分); (3) 雕刻字体轮廓清晰(无波浪形变形); (4) 印章圆圈定位正中心(目测无明显偏心); (5) 雕刻表面无受热变型(无发黑、发黄、起泡); (6) 表面处理清洗干净(死角处无黑渣,底部呈淡黄色)			
设备参数 记录	焦距		功率		速度范围	
	气压/种类		激光器型号		喷嘴规格	

塑胶印章工艺参数测试记录

测试次数	第1次	第2次	第3次	第4次	参数确认
雕刻速度					
切割速度					
雕刻最大功率					
雕刻最小功率					
雕刻填充精度					
切割速度					
切割最大功率					
切割最小功率					
效果对比					

塑胶印章激光雕刻质量改进措施

雕刻边缘毛刺影响					
雕刻处热影响					
雕刻尺寸精度					
质量改进措施					

4. 印章激光雕刻质量检验与评估

印章激光雕刻质量检验与评估如表 5-8 所示。

表 5-8　印章激光雕刻加工技能训练过程评估表

工作环节	主 要 内 容	配分	得分
图形处理 30分	图形格式正确	10	
	图形尺寸准确	10	
	图形精度正确	10	

续表

工作环节	主要内容	配分	得分
工艺参数 40分	焦距准确	10	
	切割速度正确	10	
	功率大小正确	10	
	填充精度正确	10	
产品质量 30分	切口边缘毛刺合格	5	
	切口热影响区合格	5	
	产品尺寸准确	10	
	图案位置准确	10	
合计		100	

(1) 注重安全意识，严守设备操作规程，不发生各类安全事故。

(2) 注重成本意识，保证设备完好无损，尽可能节约训练耗材。

5.1.5　玻璃激光切割雕刻知识与技能训练

1. 玻璃激光切割雕刻信息搜集

玻璃激光切割雕刻的主要应用是智能手机中的触控面板、面板玻璃、TFT 面板、OLED 面板等加工，材料为强化钠钙玻璃或其他类似材料，厚度约为 0.7 mm，如图 5-9 所示。

玻璃面板激光切割雕刻主要采用固体皮秒激光超快激光器。

2. 玻璃激光切割雕刻技能训练工作任务

玻璃激光切割雕刻技能训练的工作任务是利用固体皮秒激光超快激光器完成手机触控面板玻璃的选材、设计和激光切割全过程。

手机触控面板玻璃通常有 4 个圆倒角、听筒 U 型孔、Home 键小圆孔三个切割加工点，我们首先需要将大片玻璃按照手机触控面板外形尺寸进行分板，再按照具体产品尺寸进行激光切割加工，如图 5-10 所示。

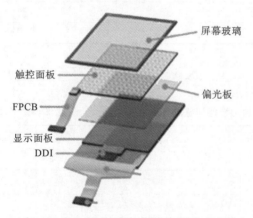

图 5-9　玻璃激光切割产品

图 5-10　激光切割触控面板玻璃

3. 触控面板玻璃激光切割图形处理

触控面板玻璃激光切割图形处理,填写表5-9。

表5-9 触控面板玻璃激光切割图形处理

序号	作业内容	作业要求	作业记录
1	图形格式	用 AutoCAD 将位图转化为矢量图,保存为 DXF 格式	
2	图档处理	图档外轮廓线向外偏移填充,填充间距 0.015 mm,偏移 13 条线	
		图档听筒 U 型孔向内偏移填充,填充间距 0.013 mm,偏移 13 条线	
		图档 Home 键圆孔向内偏移填充,填充间距 0.015 mm,偏移 15 条线	
		所有封闭图形线条需要合并处理	
3	图形精度	图形线条平滑,无明显尖角、凸点	
		直线、圆、方形、弧线等标准形状规范	

4. 确定玻璃激光切割工艺参数

确定玻璃激光切割工艺参数,填写玻璃工艺参数测试表5-10。

表5-10 玻璃激光切割工艺参数测试表

玻璃激光切割工艺参数测试表					
测试人员			测试日期		
作业要求	加工材料:玻璃 质量要求:切割边缘整齐,热影响小,无崩边现象				
设备参数记录	焦距		功率		速度范围
	气压		工作台类型		吸附要求

玻璃激光切割工艺参数测试记录					
测试次数	第1次	第2次	第3次	第4次	参数确认
Z 轴下降					
切割速度					
激光功率					
重复次数					
填充精度					
效果对比					

玻璃激光切割质量及质量改进措施	
切口边缘毛刺影响	
切口处热影响	
切割尺寸精度	
质量改进措施	

5．触控面板玻璃激光切割加工技能训练过程评估

进行触控面板玻璃激光切割加工技能训练过程评估，填写表 5-11。

表 5-11　触控面板激光切割加工技能训练过程评估表

工作环节	主　要　内　容	配分	得分
图形处理 30 分	图形格式正确	10	
	图形填充准确	10	
	图形偏移正确	10	
工艺参数 40 分	焦距准确	10	
	切割速度正确	10	
	功率大小正确	10	
	重复次数正确	10	
产品质量 30 分	切口边缘毛刺小、热影响区合格	10	
	产品尺寸准确	10	
	图案位置准确	10	
合计		100	

（1）注重安全意识，严守设备操作规程，不发生各类安全事故。

（2）注重成本意识，保证设备完好无损，尽可能节约训练耗材。

5.1.6　陶瓷激光切割雕刻知识与技能训练

陶瓷材料切割雕刻采用大功率 YAG 脉冲激光器，其他和玻璃切割有类似之处，技能训练过程与 5.1.5 节类似，大家可以参考，这里不再赘述。

5.2　金属材料激光切割知识与技能训练

其他金属材料激光切割技能训练过程与不锈钢的类似，这里以不锈钢钢板激光切割训练为主进行技能训练。

1．金属材料激光切割信息搜集

金属有光泽和延展性，能做成金戒指、银项链、铁工艺制品等。

金属材料激光切割设备有光纤、CO_2 和脉冲 YAG 激光切割机三个大类，总体而言，光纤激光切割机有更广泛的适应性，CO_2 激光切割机在厚金属板切割中有独特优势，脉冲 YAG 激光切割机有成本及加工质量的优势。

（1）碳钢及不锈钢板激光切割：若不考虑价格因素，厚度在 22 mm 以内的碳钢板、10 mm 以内的不锈钢板使用光纤激光切割机最好。

（2）钛及钛合金激光切割：纯钛激光切割建议采用空气作为辅助气体；钛合金激光切割质量较好，切缝底的粘渣容易清除。

（3）铝及铝合金激光切割：铝及铝合金激光切割广泛采用光纤激光切割机和 YAG 激光切割机，纯铝切割属于熔化切割，辅助气体用于从切割区吹走熔融产物以获得较好的切面质量。

铝合金激光切割时要注意预防切缝表面晶间微裂缝产生。

（4）铜及铜合金激光切割：纯铜（紫铜）由于有太高的反射率，不能用 CO_2 激光光束切割，建议使用光纤激光切割机。黄铜（铜合金）使用较高功率的激光切割机，辅助气体采用空气或氧，可以对较薄的板材进行切割。

（5）镍合金激光切割：大多数镍合金都可实施氧化熔化切割。

（6）合金钢激光切割：大多数合金结构钢和合金工具钢可以获得良好的激光切割质量，含钨高速工具钢和热模钢激光切割时会有熔蚀和粘渣现象发生。

2. 不锈钢钢板激光切割技能训练工作任务

不锈钢钢板激光切割技能训练的工作任务是利用光纤、CO_2、脉冲 YAG 激光切割机完成金属飞机模型中的某个零件的加工，如飞机机翼、机架或机轮的选材、图形设计和激光切割全过程，如图 5-11 所示。

3. 飞机机轮激光切割工艺参数测试

飞机机轮激光切割工艺参数测试如表 5-12 所示。

图 5-11　金属飞机模型零件示意图

表 5-12　飞机机轮激光切割工艺参数测试表

飞机机轮激光切割工艺参数测试表					
测试人员			测试日期		
作业要求	加工材料：不锈钢钢板 质量要求：切口光亮无挂渣、锥度小、无变型				
设备参数 记录	焦距		功率		速度范围	
	气压/种类		激光器型号		喷嘴规格	
不锈钢参数测试记录					
测试次数	第1次	第2次	第3次	第4次	参数确认
喷嘴高度					
切割速度					
激光功率					
激光频率					
气压					
效果对比					

续表

切割质量及质量改进措施	
切口边缘毛刺影响	
切口处热影响	
切割尺寸精度	
质量改进措施	

4. 飞机机轮激光切割质量检验与评估

飞机机轮激光切割质量检验与评估如表 5-13 所示。

表 5-13 飞机机轮激光切割加工技能训练过程评估表

工作环节	主 要 内 容	配分	得分
图形处理 30 分	图形格式正确	10	
	图形尺寸准确	10	
	图形精度正确	10	
工艺参数 40 分	切割速度正确	10	
	功率大小正确	10	
	激光频率正确	10	
	其他参数正确	10	
产品质量 30 分	切口边缘毛刺合格	10	
	切口热影响区合格	10	
	产品尺寸准确	10	

（1）注重安全意识，严守设备操作规程，不发生各类安全事故。

（2）注重成本意识，保证设备完好无损，尽可能节约训练耗材。

激光切割典型产品知识与实战技能训练

6.1 纸质礼品糖盒激光切割知识与实战技能训练

6.1.1 纸质礼品糖盒激光切割信息搜集

1. 纸质礼品糖盒激光切割技能训练工作任务

纸质礼品糖盒激光切割技能训练的工作任务是利用非金属激光切割机完成一个纸质礼品糖盒产品的选材、设计、激光切割和质量检验全过程。

2. 礼品盒简介

礼品盒是实用礼品的外包装，按照包装材料不同，礼品盒有卡纸、塑料、金属、竹木器和复合材料等多种类型，其中纸质礼品糖盒最为常见，如图 6-1 所示。

图 6-1　纸质礼品糖盒示意图

3. 搜集礼品糖盒切割图案素材

礼品糖盒切割图案素材主要来自网络上搜集的窗花和剪纸图案，可以根据不同的使用场合选取，总的要求是图形对比鲜明、容易加工，位图格式和矢量图格式均可，如图 6-2 所示。

4. 搜集礼品糖盒展开图信息

三维礼品糖盒有前后、上下、左右共六个平面，需要将其展开转换成二维平面图纸，再转

图 6-2　切割图案素材示意图

换成矢量图才能进行激光切割加工,如图 6-3 所示。

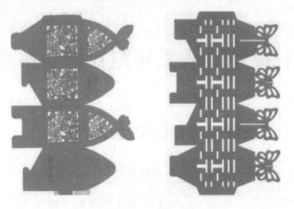

图 6-3　三维礼品糖盒展开图

6.1.2　工作计划和技能训练

1. 制订礼品糖盒激光切割工作计划

制订礼品糖盒激光切割工作计划,填写表 6-1。

表 6-1　礼品糖盒激光切割工作计划表

序号	工 作 流 程	主要工作内容	
1	任务准备	材料准备	
		设备准备	
		场地准备	
		资料准备	
2	制订礼品糖盒激光切割工作计划	1	
		2	
		3	
		4	
3	注意事项		

2. 礼品糖盒激光切割实战技能训练

（1）礼品糖盒激光切割图形处理，填写表 6-2。

表 6-2 礼品糖盒激光切割图形处理过程

序号	作业内容	作业要求	作业记录
1	图形格式	用 CorelDRAW 或 AutoCAD 将位图转化为矢量图，保存为 DXF 格式或 PLT 格式，分辨率为 1024	
2	图形尺寸	图形大小为 A3 或 A4 标准尺寸	
		图案大小约占礼品盒单面表面积 60%	
		折叠部位配合紧凑，无明显错误	
		胶水连接部位要求宽度大于 8 mm	
3	图形精度	图形线条平滑，无明显尖角、凸点	
		节点数量尽可能少	
		直线、圆、方形、弧线等标准形状规范	
		多条线段连接处无虚接、线条重复现象	

（2）确定卡纸激光切割工艺参数，填写卡纸工艺参数测试表 6-3。

表 6-3 卡纸激光切割工艺参数测试表

卡纸激光切割工艺参数测试表					
测试人员			测试日期		
作业要求	材料型号：卡纸 加工要求：切割边缘整齐，热影响小，无发黄、发黑、起泡现象				
设备参数记录	焦距		功率		速度范围
	气压		工作台类型		喷嘴规格

卡纸激光切割工艺参数测试记录					
测试次数	第 1 次	第 2 次	第 3 次	第 4 次	参数确认
焦距高度					
切割速度					
最大功率					
最小功率					
填充精度					
效果对比					

卡纸切割质量及质量改进措施	
切口边缘毛刺影响	
切口处热影响	
切割尺寸精度	
质量改进措施	

（3）完成纸质礼品糖盒激光切割加工制作过程，填写工作记录表6-4。

表 6-4 纸质礼品糖盒激光切割工作记录表

加工步骤	工 作 内 容	工 作 记 录
加工定位	卡纸安装固定	
	设备定位设置	
	试切割预览定位	
	偏差位置调整处理	
切割加工	图纸数据导入	
	工艺参数导入	
	加工操作	
	加工后处理	

3. 技能训练过程评估

进行纸质礼品糖盒激光切割加工技能训练过程评估，填写表6-5。

表 6-5 纸质礼品糖盒激光切割加工技能训练过程评估表

工作环节	主 要 内 容	配分	得分
图形处理 20分	图形格式正确	5	
	图形尺寸准确	5	
	图形精度正确	10	
工艺参数 20分	焦距准确	5	
	切割速度正确	5	
	功率大小正确	5	
	填充精度正确	5	
产品质量 20分	切口边缘毛刺合格	5	
	切口热影响区合格	5	
	产品尺寸准确	5	
	图案位置准确	5	
技能评估 30分	在规定时间内完成给定图形处理任务	10	
	在规定时间内完成工艺参数设置任务	10	
	在规定时间内完成纸质产品加工任务	10	
现场规范 10分	人员安全规范	5	
	设备场地安全规范	5	
合计		100	

（1）注重安全意识，严守设备操作规程，不发生各类安全事故。

（2）注重成本意识，保证设备完好无损，尽可能节约训练耗材。

6.2 中国象棋激光切割雕刻知识与实战技能训练

6.2.1 中国象棋激光切割雕刻信息搜集

1. 中国象棋激光切割雕刻技能训练工作任务

中国象棋激光切割雕刻技能训练工作任务是利用非金属激光切割机完成一副中国象棋产品的选材、设计、激光雕刻切割和质量检验全过程,包括红、黑色棋子各 16 枚,棋盘一个,如图 6-4 所示。

2. 中国象棋素材信息搜集

(1) 形状尺寸:标准棋盘每格为正方形,边长为 3.2~4.6 cm,底色为白色或浅色,如图 6-5 所示。平面圆形棋子直径应为 2.7~3.2 cm,底色为白色或浅色,面色分为红、黑两组。

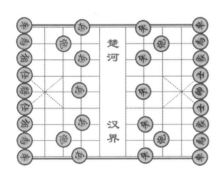

图 6-4　中国象棋

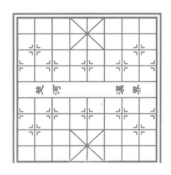

图 6-5　中国象棋标准棋盘

(2) 材料选择:制作象棋棋子材料有木材、玻璃、塑料磁铁、石头、水晶、金属等,专业比赛中都用木质,有机玻璃(塑料)材质的棋子价格较低。

制作象棋棋盘的材料有木材、各类皮革及纸张等。

3. 棋盘图纸处理要求及过程

1) 要求

用 AutoCAD 2008 绘制棋盘图形数据,保存为 DXF 2004 格式,棋盘总体尺寸按 A3 尺寸设计,如图 6-6 所示。

2) 棋盘图纸处理基本步骤

用 AutoCAD 软件制作象棋棋盘文件主要涉及矩形阵列、镜像等命令,基本步骤如下。

(1) 使用【rec】命令绘制一个矩形,如图 6-7 所示。

(2) 输入矩形命令后输入【@10,10】,画出长为 10、宽为 10 的小方块,如图 6-8 所示。

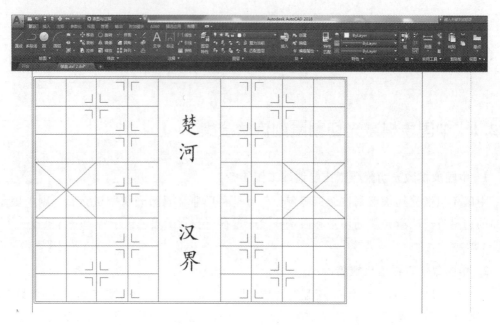

图 6-6 棋盘图纸处理要求

图 6-7 棋盘图纸处理基本步骤 1 示意图

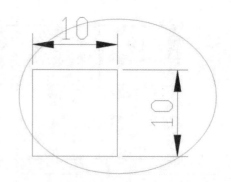

图 6-8 棋盘图纸处理基本步骤 2 示意图

（3）绘制基本矩形后输入阵列命令【arrayclassic】，调用阵列参数面板，如图 6-9 所示。

（4）出现矩形参数面板，如图 6-10 所示，选择【矩形阵列】设置行列数，将行数设为【9】，列数设为【8】；设置行列偏移距离，行偏移设为【10】，列偏移设为【10】。

图 6-9 棋盘图纸处理基本步骤 3 示意图

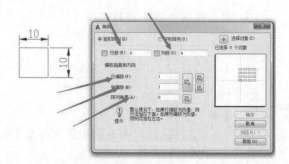

图 6-10 棋盘图纸处理基本步骤 4 示意图

（5）单击参数面板右上角的【选择对象】按钮，设置结果如图 6-11 所示。

（6）选中绘制矩形，棋盘为 9 列 8 行的空格，行列偏距为 10，可实现空格的逐个排列。

（7）选择对象后会弹回阵列参数面板，检查确认无误后，单击【确认】按钮，如图 6-12 所示。

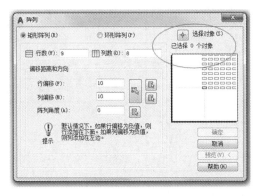

图 6-11　棋盘图纸处理基本步骤 5 示意图

图 6-12　棋盘图纸处理基本步骤 7 示意图

（8）将图中选中的方块删掉并在两边添加直线，留出楚河汉界位置，如图 6-13 所示。

（9）使用直线命令并按【F8】将正交状态关闭，绘制斜线形成九宫格，如图 6-14 所示。

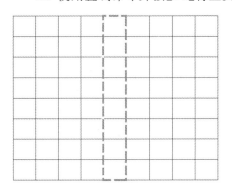

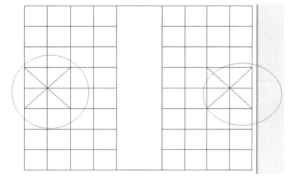

图 6-13　棋盘图纸处理基本步骤 8 示意图

图 6-14　棋盘图纸处理基本步骤 9 示意图

（10）使用直线命令绘制 L 图形，在交叉点一侧绘制两条，形成卒位和炮位线，如图6-15所示。

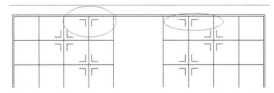

图 6-15　棋盘图纸处理基本步骤 10 示意图

（11）直接输入镜像命令【mi】后，对选中对象进行镜像，如图 6-16 所示。

（12）逐一镜像完成整个象棋棋盘绘图，再添加"楚河""汉界"文字。

4. 棋盘棋子激光雕刻加工总体安排

棋盘采用 600 mm×300 mm×3 mm 三合板（或其他任意选定材料）激光雕刻制作，棋子采用厚度为 4 mm 亚克力板（或其他任意选定材料）激光切割雕刻加工制作，颜色采用手工喷漆制作。

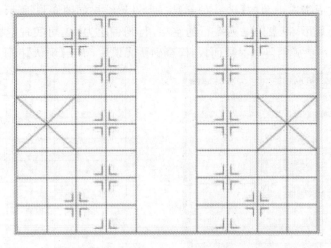

图 6-16　棋盘图纸处理基本步骤 11 示意图

6.2.2　工作计划及技能训练

1. 制订中国象棋激光切割雕刻工作计划

制订中国象棋激光切割雕刻工作计划，填写表 6-6。

表 6-6　中国象棋激光切割雕刻工作计划表

序号	工 作 流 程	主要工作内容	
1	任务准备	材料准备	
		设备准备	
		场地准备	
		资料准备	
2	制订中国象棋激光切割雕刻工作计划	1	
		2	
		3	
		4	
3	注意事项		

2. 中国象棋激光切割雕刻实战技能训练

（1）完成象棋棋盘图形文件处理，填写表 6-7。

表 6-7　中国象棋棋盘图形处理过程

绘图步骤	工 作 内 容	工作记录
棋盘线条绘制	计算棋盘各线条间距尺寸	
	绘制横竖线条及线性阵列	
	绘制斜线和双线条	

续表

绘图步骤	工 作 内 容	工作记录
字体绘制	选取字体、文字大小	
	输入文字内容	
	调节文字位置	
文件保存	将绘制好的文件保存为 DXF 2004 格式	

（2）确定象棋棋盘雕刻工艺参数，填写象棋棋盘雕刻工艺参数测试表 6-8。

表 6-8   象棋棋盘雕刻工艺参数测试表

象棋棋盘雕刻工艺参数测试表

测试人员			测试日期	
作业要求	材料型号：三合板 加工要求：雕刻字体清晰、位置准确、表面无受热变型（无发黑、发黄、起泡现象）			

设备参数 记录	焦距		功率		速度范围	
	气压		工作台类型		喷嘴规格	

雕刻切割工艺参数测试记录

测试次数	第 1 次	第 2 次	第 3 次	第 4 次	参数确认
焦距高度					
雕刻速度					
最大功率					
最小功率					
填充精度					
效果对比					

雕刻质量及质量改进措施

雕刻线毛刺影响	
雕刻线热影响	
雕刻线尺寸精度	
质量改进措施	

（3）确定象棋棋子雕刻切割工艺参数，填写象棋棋子激光雕刻切割工艺参数测试表 6-9。

表 6-9   象棋棋子雕刻切割工艺参数

象棋棋子雕刻切割工艺参数

测试人员			测试日期	
作业要求	材料型号：亚克力板 加工要求：（1）雕刻字体清晰、位置准确、表面无受热变型（无发黑、发黄、起泡现象）； （2）切割边缘整齐，热影响小，无发黄、发黑现象			

设备参数记录	焦距		功率		速度范围	
	气压		工作台类型		喷嘴规格	

切割工艺参数测试记录

测试次数	第1次	第2次	第3次	第4次	参数确认
雕刻速度					
切割速度					
雕刻最大功率					
雕刻最小功率					
雕刻填充精度					
切割速度					
切割最大功率					
切割最小功率					
效果对比					

亚克力板雕刻切割质量及质量改进措施

切口边缘毛刺影响	
切口处热影响	
切割雕刻尺寸精度	
质量改进措施	

3. 技能训练过程评估

中国象棋激光切割雕刻技能训练过程评估如表 6-10 所示。

表 6-10　中国象棋激光切割雕刻加工技能训练过程评估表

工作环节	主 要 内 容	配分	得分
棋盘图形处理 20分	图形格式正确	5	
	图形尺寸准确	5	
	图形精度正确	10	
棋盘雕刻 20分	雕刻图形正确无错误	5	
	深度 0.5 mm,颜色发黄,无明显发黑现象	5	
	划痕纤细,边缘整齐无明显毛刺	5	
	产品干净整洁	5	
棋子雕刻切割 20分	字体图案正确、大小适中协调	5	
	字体深度 3 mm 以上	5	
	字体热影响小,无明显变形发胀	5	
	边缘整齐且透光度高	5	

工作环节	主 要 内 容	配分	得分
棋盘棋子 后处理 10分	字体油漆均匀、颜色光亮	5	
	产品干净整洁、无油污	5	
技能评估 20分	在规定时间内完成棋盘、棋子图形处理任务	10	
	在规定时间内完成棋盘、棋子雕刻任务	10	
现场规范 10分	人员安全规范	5	
	设备场地安全规范	5	
合计		100	

（1）注重安全意识，严守设备操作规程，不发生各类安全事故。
（2）注重成本意识，保证设备完好无损，尽可能节约训练耗材。

6.3 金属飞机模型激光切割知识与实战技能训练

6.3.1 金属飞机模型激光切割信息搜集

1. 金属飞机模型激光切割技能训练工作任务

金属飞机模型激光切割技能训练工作任务是用金属（光纤或脉冲 YAG）激光切割机完成一整套金属飞机模型的选材、图形处理设计、激光切割和质量检验全过程，如图 6-17 所示。

图 6-17 金属飞机模型

2. 飞机模型信息搜集

1）图纸素材查找与图纸处理要求

利用网络查找飞机模型 SolidWorks 装配体文件，将三维装配体文件图纸转换成二维工程图 DXF 2004 格式,单个零件排版整齐,加工路径简单合理,材料利用率高,如图 6-18 所示。

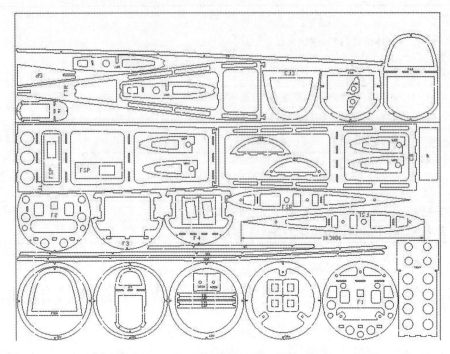

图 6-18 飞机模型三维装配体文件展开图

2)材料选择

制作金属飞机模型主要材料有不锈钢、各类结构钢和铝合金等金属,技能训练时建议有装配精度要求的大部分零件采用同一种金属材料,如机翼与机身、机舱与机身等部位;没有装配精度要求的零件用另外一种金属材料,如机轮等零件。

3)SolidWorks 装配体文件转换成二维工程图基本步骤

(1)打开需要转换的 SolidWorks 三维图形,如图 6-19 所示。

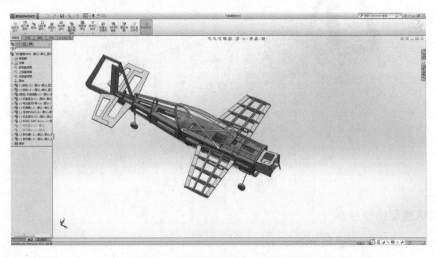

图 6-19 三维装配体文件图转换二维工程图基本步骤 1 示意图

（2）单击标题栏上的【文件】，选择【从装配体制作工程图】，如图 6-20 所示。

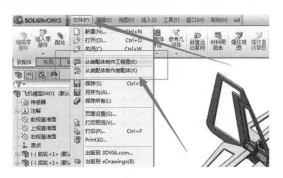

图 6-20 三维装配体文件图转换二维工程图基本步骤 2 示意图

（3）进入【工程图】界面，选择自定义图纸大小，将视图拖到工程图纸中，设置工程图显示样式和比例，如图 6-21 所示。

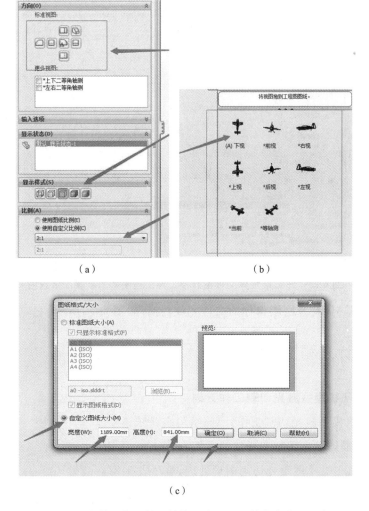

（a）　　　　　　　　　　　（b）

（c）

图 6-21 三维装配体文件图转换二维工程图基本步骤 3 示意图

（4）单击标题栏上的【文件】，选择【另存为（A）】，如图 6-22 所示。

图 6-22　三维装配体文件图转换二维工程图基本步骤 4 示意图

（5）在【另存为】对话框的【保存类型（T）】中选择【DXF（＊.dxf）】格式，单击"确认"按钮，如图 6-23 所示。

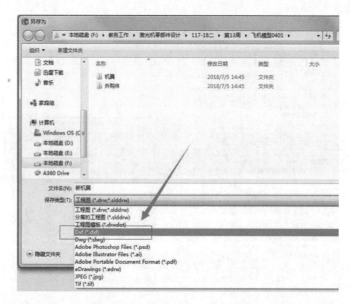

图 6-23　三维装配体文件图转换二维工程图基本步骤 5 示意图

（6）用 AutoCAD 打开刚刚保存的文件完成转换，如图 6-24 所示。

6.3.2　工作计划和技能训练

1. 制订金属飞机模型激光切割工作计划

制订金属飞机模型激光切割工作计划，填写表 6-11。

2. 金属飞机模型激光切割实战技能训练

（1）完成金属飞机模型激光切割图形处理，填写表 6-12。

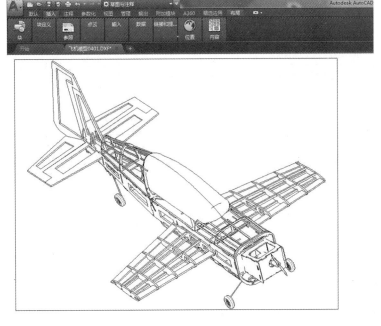

图 6-24 三维装配体文件图转换二维工程图基本步骤 6 示意图

表 6-11 金属飞机模型激光切割工作计划表

序号	工 作 流 程	主要工作内容	
1	任务准备	材料准备	
		设备准备	
		场地准备	
		资料准备	
2	制订金属飞机模型激光切割工作计划	1	
		2	
		3	
		4	
3	注意事项		

表 6-12 金属飞机模型激光切割图形处理过程

绘图步骤	工 作 内 容	工作记录
飞机零件工程图转换	将装配体图转换成单个零件图	
	将零件图投影生成工程图	
	调整工程图格式、投影线	
	保存工程图	

续表

绘图步骤	工 作 内 容	工作记录
飞机零件 CAD 图纸转换	打开工程图	
	设置 CAD 格式、版本、比例	
	将工程图转换成 CAD 图	
	保存 CAD 图纸	
飞机模型图纸合并	将单个零件的工程图合并到一个 CAD 文档中,并保存	

（2）确定金属飞机模型激光切割工艺参数，填写工艺参数测试表 6-13。

表 6-13 金属飞机模型激光切割工艺参数测试表

金属飞机模型激光切割工艺参数测试表

测试人员		测试日期	

作业要求	加工材料： 质量要求：切口光亮无挂渣、锥度小、无变形				

设备参数 记录	焦距		功率		速度范围	
	气压/种类		激光器型号		喷嘴规格	

参数测试记录

测试次数	第 1 次	第 2 次	第 3 次	第 4 次	参数确认
喷嘴高度					
切割速度					
激光功率					
激光频率					
气压					
效果对比					

切割质量及质量改进措施

切割线毛刺影响	
切割线热影响	
切割线尺寸精度	
质量改进措施	

3. 质量检验与评估

金属飞机模型激光切割质量检验与评估如表 6-14 所示。

表 6-14　金属飞机模型激光切割加工技能训练过程评估表

工 作 环 节	主 要 内 容	配分	得分
图形处理 20 分	图形格式正确	5	
	图形尺寸准确	5	
	图形精度正确	10	
工艺参数 20 分	焦距准确	5	
	切割速度正确	5	
	功率大小正确	5	
	填充精度正确	5	
产品质量 20 分	切口边缘毛刺合格	5	
	切口热影响区合格	5	
	产品尺寸准确	5	
	图案位置准确	5	
技能评估 30 分	在规定时间内完成给定图形处理任务	10	
	在规定时间内完成工艺参数设置任务	10	
	在规定时间内完成产品加工任务	10	
现场规范 10 分	人员安全规范	5	
	设备场地安全规范	5	
合计		100	

(1) 注重安全意识,严守设备操作规程,不发生各类安全事故。
(2) 注重成本意识,保证设备完好无损,尽可能节约训练耗材。

6.4　不锈钢镂空戒指激光切割知识与实战技能训练

6.4.1　不锈钢镂空戒指制作信息搜集

1. 不锈钢镂空戒指激光切割技能训练工作任务

不锈钢镂空戒指激光切割技能训练工作任务是用金属(光纤或脉冲 YAG)激光切割机的旋转加工功能完成一个不锈钢镂空戒指激光切割的选材、图形处理设计、激光切割和质量检验全过程,如图 6-25 所示。

图 6-25 不锈钢镂空戒指技能训练工作任务

镂空戒指是个性化首饰,对比线切割加工方法,激光切割镂空戒指更适合个性化制作样品和小批量生产,具有更广泛的应用前景。

2. 不锈钢镂空戒指信息搜集

1) 图纸素材查找

不锈钢镂空戒指切割图案素材可以根据个人爱好在网络上搜集,总的要求是图形对比鲜明、容易加工,位图格式或矢量图格式文件均可,如图 6-26 所示。

图 6-26 不锈钢镂空戒指切割图案素材示意图

2) 图纸处理要求

环状镂空戒指平面展开图是一个有着严格尺寸要求的长方形。

如果环状镂空戒指是连续图案,要求图案应首尾相接,尺寸严格满足要求,如图 6-27(a)所示。如果是分段图案,首尾衔接空余尺寸与图案中衔接空余尺寸应严格相等,如图 6-27(b)所示。

（a）连续图案

（b）分段图案

图 6-27 镂空戒指图纸处理要求

3) 材料选择与后处理工艺

制作不锈钢镂空戒指主要材料是高合金钢,建议使用 SUS316L 医用不锈钢,或者是

SUS304 不锈钢。

不锈钢镂空戒指激光切割后可以进行研磨抛光、高温搪瓷表面防护等后处理工艺。

6.4.2 工作计划与技能训练

1. 制订不锈钢镂空戒指激光切割工作计划

制订不锈钢镂空戒指激光切割工作计划,填写表 6-15。

表 6-15 不锈钢镂空戒指激光切割工作计划表

序号	工作流程	主要工作内容	
1	任务准备	材料准备	
		设备准备	
		场地准备	
		资料准备	
2	制订不锈钢镂空戒指激光切割工作计划	1	
		2	
		3	
		4	
3	注意事项		

2. 不锈钢镂空戒指激光切割实战技能训练

(1) 完成不锈钢镂空戒指激光切割图形处理,填写表 6-16。

表 6-16 不锈钢镂空戒指激光切割图形处理过程

序号	作业内容	作业要求	作业记录
1	图形格式	用 CorelDRAW 或 AutoCAD 将位图转化为矢量图,保存为 DXF 格式或 PLT 格式,分辨率为 1024	
2	图形尺寸	图形长度为不锈钢戒指周长	
		图案宽度小于戒指宽度	
		图形环绕后应首尾相接	
3	图形精度	图形线条平滑,无明显尖角、凸点	
		节点数量尽可能少	
		直线、圆、方形、弧线等标准形状规范	
		多条线段连接处无虚接、线条重复现象	

(2) 确定不锈钢旋转激光切割工艺参数,填写工艺参数测试表 6-17。

(3) 完成不锈钢镂空戒指激光切割加工制作过程,填写工作记录表 6-18。

表 6-17　不锈钢旋转激光切割工艺参数测试表

<table>
<tr><td colspan="9" align="center">不锈钢旋转激光切割工艺参数测试表</td></tr>
<tr><td>测试人员</td><td colspan="4"></td><td colspan="2" align="center">测试日期</td><td colspan="2"></td></tr>
<tr><td>作业要求</td><td colspan="8">切割边缘整齐,热影响小,无发黄、发黑现象</td></tr>
<tr><td rowspan="3">设备参数
记录</td><td colspan="2" align="center">焦距</td><td colspan="2"></td><td align="center">功率</td><td></td><td align="center">速度范围</td><td></td></tr>
<tr><td colspan="2" align="center">气压</td><td colspan="2"></td><td align="center">工作台类型</td><td></td><td align="center">喷嘴规格</td><td></td></tr>
<tr><td colspan="2" align="center">旋转驱动细分</td><td colspan="2"></td><td align="center">旋转台类型</td><td></td><td></td><td></td></tr>
<tr><td colspan="9" align="center">不锈钢旋转激光切割工艺参数测试记录</td></tr>
<tr><td>测试次数</td><td colspan="2" align="center">第 1 次</td><td align="center">第 2 次</td><td colspan="2" align="center">第 3 次</td><td colspan="2" align="center">第 4 次</td><td align="center">参数确认</td></tr>
<tr><td>焦距高度</td><td colspan="2"></td><td></td><td colspan="2"></td><td colspan="2"></td><td></td></tr>
<tr><td>切割速度</td><td colspan="2"></td><td></td><td colspan="2"></td><td colspan="2"></td><td></td></tr>
<tr><td>启动速度</td><td colspan="2"></td><td></td><td colspan="2"></td><td colspan="2"></td><td></td></tr>
<tr><td>加速度</td><td colspan="2"></td><td></td><td colspan="2"></td><td colspan="2"></td><td></td></tr>
<tr><td>每转脉冲数</td><td colspan="2"></td><td></td><td colspan="2"></td><td colspan="2"></td><td></td></tr>
<tr><td>最大功率</td><td colspan="2"></td><td></td><td colspan="2"></td><td colspan="2"></td><td></td></tr>
<tr><td>最小功率</td><td colspan="2"></td><td></td><td colspan="2"></td><td colspan="2"></td><td></td></tr>
<tr><td>填充精度</td><td colspan="2"></td><td></td><td colspan="2"></td><td colspan="2"></td><td></td></tr>
<tr><td>效果对比</td><td colspan="2"></td><td></td><td colspan="2"></td><td colspan="2"></td><td></td></tr>
<tr><td colspan="9" align="center">不锈钢旋转切割质量及质量改进措施</td></tr>
<tr><td>切口边缘毛刺影响</td><td colspan="8"></td></tr>
<tr><td>切口处热影响</td><td colspan="8"></td></tr>
<tr><td>切割尺寸精度</td><td colspan="8"></td></tr>
<tr><td>质量改进措施</td><td colspan="8"></td></tr>
<tr><td>旋转首尾衔接效果</td><td colspan="8"></td></tr>
</table>

表 6-18　不锈钢镂空戒指激光切割工作记录表

加 工 步 骤	工 作 内 容	工 作 记 录
加工定位	戒指与旋转台的固定	
	旋转台首尾衔接测试	
	设备定位设置	
	试切割预览定位	
	偏差位置调整处理	
切割加工	图纸数据导入	
	工艺参数导入	
	加工操作	
	加工后处理	

3. 技能训练过程评估

进行不锈钢镂空戒指激光切割加工技能训练过程评估,填写表 6-19。

表 6-19　不锈钢镂空戒指激光切割加工技能训练过程评估表

工 作 环 节	主 要 内 容	配分	得分
图形处理 15 分	图形格式正确	5	
	图形尺寸准确	5	
	图形精度正确	5	
工艺参数 25 分	焦距准确	5	
	切割速度正确	5	
	功率大小正确	5	
	填充精度正确	5	
	旋转驱动细分与每转脉冲数匹配正确	5	
产品质量 25 分	切口边缘毛刺合格	5	
	切口热影响区合格	5	
	产品尺寸准确	5	
	图案位置准确	5	
	首尾衔接准确	5	
技能评估 25 分	在规定时间内完成给定图形处理任务	5	
	在规定时间内完成工艺参数设置任务	10	
	在规定时间内完成不锈钢旋转产品加工任务	10	
现场规范 10 分	人员安全规范	5	
	设备场地安全规范	5	
合计		100	

(1) 注重安全意识,严守设备操作规程,不发生各类安全事故。

(2) 注重成本意识,保证设备完好无损,尽可能节约训练耗材。

参 考 文 献

［1］施亚齐,戴梦楠.激光原理与技术［M］.武汉:华中科技大学出版社,2012.

［2］张冬云.激光先进制造基础实验［M］.北京:北京工业大学出版社,2014.

［3］金闪夏.图解激光加工实用技术［M］.北京:冶金工业出版社,2013.

［4］史玉升.激光制造技术［M］.北京:机械工作出版社,2012.

［5］郭天太,陈爱军,沈小燕,等.光电检测技术［M］.武汉:华中科技大学出版社,2012.

［6］刘波,徐永红.激光加工设备理实一体化教程［M］.武汉:华中科技大学出版社,2016.

［7］徐永红,王秀军.激光加工实训技能指导理实一体化教程［M］.武汉:华中科技大学出版社,2014.

［8］若木守明.光学材料手册［M］.周海宪,程云芳,译.北京:化学工业出版社,2010.

［9］叶建斌,戴春祥.激光切割技术［M］.上海:上海科学技术出版社,2012.

［10］广东大族粤铭激光科技股份有限公司.大族粤铭 CMA、PN 系列设备使用手册(V1.3),2016.

［11］深圳市铭镭激光设备有限公司.铭镭激光切割设备使用说明书,2016.